Adesh Kumar
B. N. Singh
Yamuna Prasad Singh

Cultivo orgânico de couve-flor (Brassica Oleracea var. Botrytis L

Adesh Kumar
B. N. Singh
Yamuna Prasad Singh

Cultivo orgânico de couve-flor (Brassica Oleracea var. Botrytis L

Imprint

Any brand names and product names mentioned in this book are subject to trademark, brand or patent protection and are trademarks or registered trademarks of their respective holders. The use of brand names, product names, common names, trade names, product descriptions etc. even without a particular marking in this work is in no way to be construed to mean that such names may be regarded as unrestricted in respect of trademark and brand protection legislation and could thus be used by anyone.

Cover image: www.ingimage.com

This book is a translation from the original published under ISBN 978-620-2-09277-7.

Publisher:
Sciencia Scripts
is a trademark of
Dodo Books Indian Ocean Ltd. and OmniScriptum S.R.L publishing group

120 High Road, East Finchley, London, N2 9ED, United Kingdom
Str. Armeneasca 28/1, office 1, Chisinau MD-2012, Republic of Moldova, Europe
Printed at: see last page
ISBN: 978-620-8-09625-0

ÍNDICE DE CONTEÚDOS

RECONHECIMENTO

A "Graça de Deus" está sempre comigo e dá-me paciência e força para ultrapassar as dificuldades que surgem no meu caminho para realizar este projeto. Não me atrevo a agradecer, mas apenas a rezar para que me abençoe sempre. *É com imenso prazer que exprimo o meu profundo sentimento de veneração e gratidão ao meu principal orientador e presidente do meu comité consultivo, Dr. B.N. Singh, Professor Assistente, Departamento de Ciências Vegetais, pela sua orientação inspiradora, zelo infindável, encorajamento constante e críticas construtivas, que orquestraram eficazmente todo o esforço, não só limitado a este trabalho, mas que me levará muito longe na minha vida.*

Agradeço cordialmente aos membros do meu comité consultivo, Dr. T. Singh, *Professor, Departamento de Ciências Vegetais, Dr. A.L. Yadav, Professor Assistente, Departamento de Horticultura, Dr. B.N. Singh, Professor Assistente, Departamento de Agronomia, Dr. H.M. Singh, Professor e Diretor, Departamento de Entomologia, pelas suas valiosas sugestões e encorajamento durante o curso da presente investigação. Agradeço sinceramente ao Dr. R.C. Jaiswal, Professor e Diretor do Departamento de Ciências Vegetais, e a todos os membros do corpo docente, nomeadamente o Dr. T. Singh, o Dr. S. S. Singh, o Dr. S.P. Singh, Dr. V.P. Pandey, Dr. P.K. Singh, Dr. R.B. Verma, Dr. V.B. Singh, Dr. G.C. Yadav, Dr. D.P. Mishra, Dr. Chandra Dev, por terem proporcionado as facilidades necessárias e uma ajuda cordial sempre que necessário.*

Estou cordialmente grato ao Dr. R.S. Kuril, Hon'ble Vice-Chancellor, e ao Dr. J.P. Mishra, Dean, College of Horticulture, por terem proporcionado as facilidades necessárias para a realização do trabalho incorporado. As palavras não são capazes de exprimir a verdadeira preocupação para com a minha adorável mãe e o meu adorável pai, a Sra. Prakash Chand e a Sra. Kamlesh Devi, pela sua devoção, amor e bênção generosa, que fizeram de mim o que sou e me levaram a este nível para realizar boas acções. Estou muito grato aos meus tios e tias, Rajpal Singh e Sumitra Devi e Rajkumar e Sushila Devi, pelos seus cumprimentos profundos e profundo sentimento de gratidão. Expresso a minha bênção e os meus cumprimentos pela ajuda e o encorajamento constantes do meu cunhado Yogesh Kumar, Shivam Kumar, Ashay Kumar, Abhishek Kumar e Ritesh Kumar e da minha irmã Reeta Devi e Ashok Kumar. Estou profundamente grato à minha irmã mais velha, Smt. Ravita devi, Deepa Devi, Truna Devi e Shivani Devi. Aproveito a oportunidade para registar os meus agradecimentos aos meus superiores Pavan Kumar Maurya, Dharmendra Dubey, Braj Mohan e aos meus colegas Mr. Ramparsad, Anil Kumar, Amarnand Yadav, Vijay Prakash Verma, **(Adesh Kumar)** *Neevan Kumar Pandey, Sudhanshu Mishra, Satrughan Pandey, Manish Kumar Singh e aos meus adoráveis colegas Ramkumar, Arun kumar, Katar Singh Verman, Pankaj Ray, Hemant Singh, Sudhanshu Mishra, Satish Yadav, Shekhar Singh, Ashok Verma, Swami Prasad Tyagi, Yamuna Prasad Singh, Brijesh Ram, Pankaj Bhadhoria, Praveen Sharma, Bhagwati Prasad Maurya. Os meus amigos mais próximos Ranvijay Singh, Pintoo Kumar, Sarvesh Kumar Yadav, Ramprasad, e muitos outros amigos que me ajudam, se não menciono os seus nomes não é por falta de gratidão mas por falta de espaço, a todos eles agradeço sinceramente. Os meus agradecimentos são devidos àqueles que, consciente ou inconscientemente, me ajudam através das suas críticas* *e sugestões, que me inspiram a fazer sempre o melhor.*

Narendra Nagar, Kumarganj maio de 2011

Capítulo 1

INTRODUÇÃO

A couve-flor *(Brassica oleracea* var. botrytis L.) pertence à família das crucíferas e é a cultura Cole mais popular entre os produtos hortícolas de inverno. É cultivada pelos seus ramos de "meristema apical carnudo pré-floral" altamente suprimidos, denominados "coalhada". A couve-flor foi introduzida na Índia em 1822 pelo Dr. Jemson em Saharanpur (U.P.) durante o período da Companhia das Índias Orientais. Depois de ser originária de Chipre, a couve-flor estabeleceu-se na região mediterrânica, especialmente em Itália. A Índia é o segundo maior produtor mundial de couve-flor, depois da China, seguida dos EUA, Espanha, Itália e França. Na Índia, a couve-flor é cultivada numa área de cerca de 321 000 hectares, com uma produção de 57 97 000 toneladas métricas e uma produtividade de 18,1 toneladas métricas por hectare. A produção mais elevada da cultura no país é a de Bengala Ocidental (1,70 milhões de toneladas), seguida de Bihar (1,0 milhões de toneladas) e Orissa (0,60 milhões de toneladas) e a produtividade mais elevada regista-se em Maharashtra (25,30 toneladas métricas) e Bengala Ocidental (25,10 toneladas métricas), seguida de Uttar Pradesh (20,40 toneladas métricas). A couve-flor representa cerca de 4,1% da superfície total cultivada com produtos hortícolas e 4,0% da produção total. No entanto, ocupa o 4.º lugar[th] em termos de produtividade, depois da tapioca, da couve e da batata. **(Anónimo, 2008-09).**

A couve-flor requer uma adubação muito pesada, uma vez que remove uma grande quantidade dos principais nutrientes do solo. A Índia tem gasto biliões de dólares todos os anos na importação de fertilizantes químicos. Anteriormente, a utilização de adubos químicos contribuía muito para satisfazer as necessidades nutricionais das culturas, mas a aplicação regular, excessiva e desequilibrada de adubos químicos deteriora as propriedades físico-químicas do solo e a qualidade do produto e, em última análise, reduz o rendimento das culturas. De um modo geral, os solos indianos são pobres em N e pouco disponíveis em P, que são os nutrientes mais importantes para o crescimento das plantas. Por outro lado, as necessidades em micronutrientes aumentaram devido à introdução de variedades produtivas e de sistemas de cultivo intensivo para garantir a sustentabilidade da produção agrícola, torna-se essencial manter os níveis de fertilidade do solo através da utilização de todos os métodos disponíveis, ou seja, fertilizantes químicos, adubos orgânicos e biofertilizantes. Assim, é necessário aplicar todas as fontes possíveis de nutrientes com base em considerações económicas e o equilíbrio necessário para a cultura é complementado com fertilizantes químicos. Desta forma, garante-se o equilíbrio dos nutrientes para um melhor crescimento das plantas e da produção sem afetar o ecossistema.

O termo "biofertilizante" designa todos os nutrientes de origem biológica utilizados no crescimento das plantas **(Subha Rao, 1982)**. Os biofertilizantes são produtos que contêm microrganismos viáveis benéficos e importantes para a agricultura, com capacidade para mobilizar elementos nutricionalmente importantes de formas não utilizáveis para formas utilizáveis através de processos biológicos. Possuem a capacidade única de aumentar a produtividade através da fixação biológica de azoto ou da solubilização de fosfatos insolúveis ou da produção de hormonas, vitaminas ou outros factores de crescimento necessários para o crescimento das plantas. Não só fornecem nutrientes a uma biomassa muito necessária, como também salvam o solo da deterioração **(Sahai, 1999)**. Os micróbios benéficos do solo que têm grande importância são a fixação biológica do azoto, o solubilizador de fosfato e os fungos micorrízicos. As bactérias Azospirillium e Azotobactor são conhecidas por fixarem biologicamente o azoto. A utilização destes adubos microbianos permite reduzir a qualidade dos adubos azotados com alguma melhoria no rendimento das culturas. Também se sabe que desempenham um papel eficaz na melhoria da resistência das culturas às doenças, produzindo compostos antibacterianos e antifúngicos e também reguladores de crescimento **(Singh, 2000)**.

O Azospirillium é um fixador de azoto micro-aerófilo associativo. Coloniza a raiz do musgo e fixa o azoto em associação com as plantas. Fixa o azoto num ambiente de baixa tensão de oxigénio. As bactérias induzem as raízes das plantas a segregar mucilagem, o que cria um ambiente de baixo oxigénio e ajuda a fixar o azoto atmosférico. O Azospirillium fixa o azoto de 10-40 kg/ha/época em muitas culturas hortícolas, o que significa 25-30% de fertilizantes azotados, enquanto o Azotobactor poupa a adição de fertilizantes azotados em 10-20%. A sua inoculação ajuda as plantas a crescer melhor devido à produção de hormonas de crescimento como Auxinas, Gibberelinas e Citocininas **(Yawalkar, 2002)**.

Os biofertilizantes fosfatados são uma importante fonte de aumento do fornecimento de nutrientes para o sistema de produção de culturas. Incluem Bactérias Solubilizadoras de Fósforo (PSB) ou Microrganismos Solubilizadores de Fósforo (PSM) e Micorrizas Arbusculares Vesiculares (VAM). Cerca de 95-99% do fósforo total do solo é insolúvel e não está diretamente disponível para as plantas. Os biofertilizantes solubilizadores de fosfato desempenham um papel muito importante na produção de vegetais. Ajudam a solubilizar o fosfato insolúvel. As Bactérias Solubilizadoras de

Fósforo (PSB), micróbios heterotróficos, desempenham um papel significativo na solubilização de cerca de 15-25% do fosfato insolúvel. O organismo solubilizador é conhecido por aumentar a absorção de fósforo pelas plantas. As bactérias solubilizadoras de fósforo (PSB) possuem a capacidade de transformar fosfato inorgânico ou orgânico pouco insolúvel em fosfato solúvel através da secreção de ácido orgânico, produzindo também aminoácidos, vitaminas e substâncias promotoras de crescimento como IAA e GA. São úteis para algumas outras culturas, tendo sido obtido um aumento de rendimento de cerca de 10-20%. Numa experiência de campo, a aplicação de bactérias solubilizadoras de fósforo (PSB) em brinjal e couve-flor aumentou o rendimento em 10% e 7,3%, respetivamente **(Bhattacharya *et al.*, 2000)**.

A Micorriza Arbascular Vesicular (MAV) é um simbionte obrigatório. Os fungos VAM, quando inoculados nas plantas cultivadas, colonizam o sistema radicular das plantas e produzem fosfatase que solubiliza o fósforo orgânico e o torna disponível para as plantas. Também melhoram a absorção de microelementos, água e produzem hormonas vegetais, aumentando a atividade do organismo fixador de azoto na zona radicular. Todas estas actividades da micorriza aumentam o crescimento e o rendimento das plantas. Cerca de 15-20% dos fertilizantes fosfatados podem ser poupados através da utilização de fungos VAM.

Os biofertilizantes são incorporados como método de imersão das raízes das plântulas no momento do transplante. A aplicação de biofertilizante (Azospirpllium) juntamente com fertilizantes inorgânicos provou ser benéfica e produziu maior rendimento em couve-flor **(Narayanamma *et al.*, 2006)**. Além disso, os parâmetros de crescimento da planta e o rendimento da couve-flor mais elevados foram registados com

Micorriza Arbuscular Vesicular e Estrume de Quintal juntamente com fertilizantes inorgânicos **(Choudhary *et al.*, 2004)**. No entanto, a aplicação de 150 kg de azoto por hectare e 80 kg de fósforo por hectare registou o valor mais elevado no que diz respeito ao número de folhas por planta, diâmetro da coalhada, profundidade da coalhada, peso líquido da coalhada, solidez da coalhada, rendimento comercializável da coalhada e rendimentos líquidos e melhorou a relação benefício: custo do que outras combinações de tratamento **(Jana e Mukhopadhyay, 2001)**.

Adubos orgânicos como FYM e vermicomposto estão disponíveis em abundância na localidade e podem ser utilizados eficientemente para a produção de vegetais, além disso, os biofertilizantes são uma fonte rentável e renovável de nutrientes para as plantas para complementar os fertilizantes químicos.

Nos últimos anos, o conceito de sistema integrado de fornecimento, utilização ou gestão de nutrientes implica o fornecimento eficiente e criterioso de todos os principais componentes das fontes de nutrientes para as plantas. Os fertilizantes químicos em combinação com fontes animais, estrume de quintal, vermicomposto, biofertilizantes, resíduos de culturas ou resíduos recicláveis e outras fontes de nutrientes disponíveis localmente para sustentar a fertilidade, a saúde e a produtividade do solo assumem importância. Está provado que o fornecimento e a utilização integrados de nutrientes para as plantas provenientes de fertilizantes químicos e de estrume orgânico produzem colheitas mais elevadas do que quando são aplicados separadamente. Este aumento da produtividade das culturas resulta do seu efeito combinado, o efeito sinérgico, que melhora as propriedades químicas, físicas e biológicas do solo. Os estrumes e os adubos são os principais responsáveis pela melhoria da tecnologia, contribuindo para um aumento de cerca de 50-60% da produtividade dos produtos hortícolas na Índia, independentemente do solo e da zona agro-ecológica. Mas sem um fornecimento e utilização integrados de nutrientes vegetais provenientes de fertilizantes químicos e de fontes orgânicas, não é possível aumentar a produção.

A análise do solo desses locais mostrou claramente que o uso desequilibrado de fertilizantes durante um longo período levou ao surgimento de deficiência de um ou outro nutriente vegetal não incluído no cronograma de fertilizantes, pois esses nutrientes foram esgotados do solo com maior colheita de biomassa sob agricultura intensiva. No entanto, os rendimentos das culturas melhoraram consideravelmente quando foram aplicadas 15 toneladas de FYM/ha juntamente com meia dose de NPK. Isto enfatiza a necessidade de um fornecimento e utilização integrados de nutrientes com uma combinação harmoniosa de fertilizantes químicos, adubos orgânicos e biofertilizantes para maximizar a eficiência da utilização de nutrientes e minimizar as suas perdas para atingir os objectivos de melhorar e sustentar a fertilidade do solo, a relação solo/água e a sua qualidade, bem como as condições socioeconómicas dos agricultores.

O custo dos fertilizantes sintéticos está a aumentar de dia para dia, pelo que os agricultores procuram uma fonte alternativa que possa reduzir o custo do cultivo e manter o estado de fertilidade do solo. A utilização de inoculantes microbianos para suplementar uma parte das necessidades de azoto atingiu uma importância imensa. No entanto, a informação disponível na literatura relativamente ao efeito dos biofertilizantes sob abordagem integrada na couve-flor é inadequada. Tendo em conta os conteúdos acima referidos, a presente investigação intitulada "Efeito da gestão integrada de nutrientes no crescimento, rendimento e qualidade da couve-flor *(Brassica oleracea* var. botrytis L.)" foi levada a cabo com os seguintes objectivos principais

1. Investigar o efeito de vários tratamentos no crescimento da couve-flor,

2. Examinar o efeito de diferentes tratamentos no rendimento da couve-flor,

3. Avaliar a influência dos vários tratamentos na qualidade da couve-flor e

4. Elaborar os cálculos económicos dos diferentes tratamentos.

Capítulo 2

REVISÃO DA LITERATURA

As revisões disponíveis sobre o tema **"Influência da gestão integrada de nutrientes no crescimento, rendimento e qualidade da couve-flor** *(Brassica oleracea* var. *botrytis* **L.)"** são apresentadas nas passagens seguintes.

4.1 **Efeito de várias fontes de gestão integrada de nutrientes nos parâmetros de crescimento:**

Kumaran *et al.* (1998) que tinham testado diferentes fontes orgânicas, ou seja, FYM, bagaço de Neem, Azospirillium, fosfobactérias e NPK em diferentes combinações no tomate e registaram a altura máxima da planta e o número de ramos/planta com a aplicação de fertilizantes orgânicos + inorgânicos e fosfobactérias e Azospirillium.

Naidu *e t al.* (1999) registaram a altura máxima da planta, o número de folhas por planta, o número de nós por planta e o número de frutos por planta de quiabo com a aplicação de NPK @ 80:60:50kg/ha + 20 t/ha de estrume de quintal.

Stamatiadis *e t al.* (1999) realizaram uma experiência de campo para verificar o efeito de diferentes combinações de fertilizantes orgânicos e inorgânicos e registaram o maior número de cabeças (120,1 por planta) em brócolos através da utilização de 60 toneladas/ha de estrume orgânico com 60 kg/ha de fertilizante inorgânico.

Nagaraju *et al.* (2000) estudaram o efeito da inoculação de *Glomus mosseae* no crescimento, rendimento e caraterísticas de qualidade da cebola agregada (chalota) e registaram a maior altura de planta, número de folhas e número de perfilhos através da utilização de 100% SSP + inoculação VAM.

Mehdi *et al.* (2003) registaram a maior altura de planta (44,742 cm) e a maior extensão de planta (56,70 cm) na couve-flor com a utilização de 225 kg N/ha + 100 kg P/ha.

Singh (2004) registou o maior número de folhas por planta (19,44) na couve-flor através da utilização de 140 kg N/ha e 80 kg P/ha.

Thanki *et al.* (2004) registaram valores abundantes no que diz respeito à altura da planta, número de ramos por planta, número de síliquas por planta, peso de 1000 sementes, rendimento de sementes, teor de óleo e rendimentos líquidos (Rs./ha) em mostarda através da aplicação de 50 kg de P/ha e 10 kg de estrume de quinta/ha.

Singh e Singh (2005) relataram que a maior altura de planta, número de folhas e peso bruto da planta de couve-flor através do uso de Azospirillum + 100% da dose recomendada de NPK @ 120:60:60 kg/ha.

Dwivedi e Singh (2007) avaliaram o efeito de várias fontes de nutrientes nos parâmetros de crescimento, rendimento foliar, absorção de nutrientes, estado dos nutrientes do solo e economia da betelvina *(Piper betle* cv. 'Bangla') e registaram o peso fresco máximo de 100 folhas e a área foliar com a aplicação de vermicomposto @ 12 toneladas/ha + K_2O @ 100 kg/ha.

Gowda *et al.* (2007) estudaram a influência da gestão integrada de nutrientes no alho cv. G-282 e obtiveram plantas significativamente mais altas, mais número de folhas e perímetro máximo da planta através da utilização de 100% NPK + biofertilizante + vermicomposto e o resto dos valores foram iguais à utilização combinada de 100% NPK + biofertilizante + FYM.

Shaheen *et al.* (2007) investigaram a resposta integrada de bio-inoculantes e fertilizantes químicos de azoto no crescimento das plantas e no rendimento das vagens de quiabo. Além disso, referiu que o crescimento da planta, a produção de vagens e, subsequentemente, os aspectos de qualidade melhoraram quando foram utilizadas bactérias Azospirillum + 50% dos fertilizantes azotados recomendados.

Ghuge *et al.* (2007) registaram o efeito da utilização combinada de fontes de nutrientes orgânicos e inorgânicos no crescimento e rendimento da couve cv. Pride of India e registaram a propagação máxima das plantas (18,87 cm^2), a circunferência da cabeça (57,50 cm) e o teor total de clorofila (652,1 micro g/g de folha) através da utilização de 50% da dose recomendada de fertilizantes (RDF) @ 150:80:75 kg + 50% Vermicomposto @ 2,5 t/ha.

Idnani e Thuan (2007) estudaram o efeito do azoto através de diferentes fontes orgânicas e da ureia no rendimento da coalhada da couve-flor e referiram que a maior altura da planta (43,5 cm), o número de folhas por planta (19,0) e o índice de área foliar (2,7) foram obtidos com a aplicação de 50 kg de N/ha através da ureia + 5 t/ha de FYM.

Yadav *et al.* (2007) investigaram a influência dos fertilizantes orgânicos e inorgânicos no crescimento e no rendimento da coalhada da couve-flor e registaram a altura máxima das plantas (53,33 cm) através da utilização de 104 kg de ureia/acre + 32 kg de DAP/acre + 32 kg de MOP/acre.

Velmurugan *et al.* (2008) revelaram que a aplicação da dose recomendada de fertilizante (15 toneladas/ha de FYM + 50:100:50 NPK/ha como cobertura basal e 50 kg de N aos 45 dias após o transplante) registou a altura máxima da planta (32,56 cm), número de folhas (26,60), comprimento das folhas (30,55 cm), largura das folhas (15,46 cm), área foliar (472,303 cm^2) e índice de área foliar (0,175) na couve-flor.

Kachari e Korla (2009) registaram a maior altura da planta, comprimento da folha, largura da folha, área da folha, número de folhas por planta, peso da folha e comprimento do caule da couve-flor com a aplicação de 50 por cento da dose recomendada de NPK @ 125:75:65 kg/ha + Azospirillum + FYM @ 25 t/ha.

Kodithuwakku e Kirthisinghe (2009) verificaram que a altura máxima das plantas, o número de folhas por planta e a área foliar total da couve-flor foram obtidos com a aplicação da dose mais elevada de fertilizantes azotados.

Thilagam e Natesan (2009) concluíram, com base em estimativas de fertilizantes, que a melhor utilização dos nutrientes adicionados aos fertilizantes resulta na obtenção de um rácio de resposta mais elevado. Além disso, foi também salientado que a aplicação conjunta de produtos orgânicos com fertilizantes químicos resultou numa poupança de 35, 25 e 28 kg/ha de N, P O_{25} e K_2 O, respetivamente. Além disso, a inclusão de biofertilizante viz., Azospirillum @ 3,0 kg/ha resultou na poupança de 10 kg/ha de azoto.

Kanaujia *et al.* (2010) realizaram uma experiência para determinar o efeito de fertilizantes químicos, adubos orgânicos e biofertilizantes no crescimento, rendimento, qualidade, absorção de nutrientes e economia de rabanete em condições de sopé de Nagaland e registaram o maior crescimento com a aplicação de 50% NPK @ 80:60:60 kg/ha +50% Vermicomposto @ 5 toneladas/ha + Biofertilizantes.

4.2 Efeito de várias fontes de gestão integrada de nutrientes nos parâmetros de rendimento:

Swaroop *et al.* (1999) registaram o peso médio máximo da coalhada (408,5 g), o diâmetro da coalhada (12,84 cm) e o rendimento da coalhada (164,85 q/ha) com a aplicação combinada de 90 kg N/ha e 80 kg P2O5/ha.

Das *et al.* (2000) investigaram que o rendimento máximo de coalhada de couve-flor foi obtido na cv. Pusa Katki pelo uso criterioso de NPK @ 80:60:50kg/ha junto com densidade de plantas de 60x60cm.

Nagaraju *et al.* (2000) registaram o diâmetro máximo dos bolbos e o peso máximo dos bolbos de chalota com a utilização de 100% de SSP + inoculação VAM.

Roe e Cornforth (2000) referiram que o maior número de cabeças (75 cabeças por planta) de brócolos foi obtido com a aplicação de composto a 90 t/ha. Além disso, o número de cabeças e o rendimento da cultura tiveram a mesma tendência em resposta a doses de adubo orgânico e doses de fertilizantes inorgânicos.

Bhardwaj *et al.* (2000) realizaram uma experiência para determinar o efeito de fontes orgânicas de nutrientes, ou seja, estrume de quinta, bagaço de neem (Azadirachta indica) e bagaço de colza (Brassica campestris var. toria) como alternativa parcial ou total aos fertilizantes químicos no rendimento do tomate (Lycopersicon esculentum), quiabo (Hibiscus esculentus [Abelmoschus esculentus]), couve (Brassica oleracea var. capitata) e couve-flor (Brassica oleracea var. botrytis) e registou o maior rendimento com a aplicação de 50% do NPK recomendado + 50% de bagaço de colza (0,72 t/ha) no tomate, 50% do NPK recomendado + 50% de bagaço de nim (0.72 t/ha) no quiabo, 33,3% de NPK recomendado + 33,3% de estrume de curral (6,66 t/ha) + 33,3% de bagaço de colza (0,48 t/ha) na couve, 33,3% de NPK recomendado + 33,3% de estrume de curral (6,66 t/ha) + 33,3% de bagaço de neem (0,48 t/ha) na couve-flor.

Dufault *et al.* (2001) referiram que a aplicação de estrume orgânico e de fertilizante inorgânico no rendimento das cabeças principais dos brócolos *(Brassica oleracea* var.

Italica) produziu rendimentos mais elevados de cabeças principais, laterais e totais através da utilização de fertilizante inorgânico (60 kg/ha) e de estrume orgânico.

Kamla *et al.* (2002) referiram que a incorporação de azoto, fósforo e potássio a 100%, por si só, podia aumentar o peso da coalhada, o diâmetro da coalhada, a altura da planta e o rendimento da couve-flor. No entanto, a aplicação de estrume orgânico (vermicomposto ou estrume de quinta) em combinação com 50% de NPK aumentou significativamente o peso da coalhada, o diâmetro da coalhada, a altura da planta e o rendimento da cultura.

Kanwar *et al.* (2002) realizaram uma experiência para determinar o efeito de diferentes taxas de fertilizante NPK (0, 50 e 100%) aplicadas isoladamente ou em combinação com diferentes adubos orgânicos (sem adubo, vermicomposto e estrume de curral (FYM) a 25 t/ha) na couve-flor cv. Pusa Snow Ball K-1 e resultou no aumento do peso da coalhada, diâmetro da coalhada e rendimento da coalhada pelo uso combinado de 50% NPK/ha + Vermicomposto @ 25 toneladas/ha.

Mehdi *et al.* (2003) relataram que o diâmetro da coalhada, a profundidade da coalhada, o peso médio da coalhada e o rendimento da coalhada da couve-flor foram significativamente maiores com a aplicação de 225 kg N/ha + 100 kg P/ha.

Jayathilake *et al.* (2003) estudaram o impacto da gestão integrada de nutrientes utilizando biofertilizantes na cebola *(Allium cepa* cv. N-53) e relataram que a altura da planta, o número de folhas por planta, a acumulação de matéria seca no bolbo e os componentes do rendimento, como o diâmetro do bolbo, o peso e a qualidade, foram significativamente superiores com a incorporação de 50% do N recomendado através de adubo orgânico (vermicomposto ou FYM) com outros 50% de N e 100% de PK fornecidos através de fertilizante químico, bem como a aplicação de fertilizante químico sozinho ou a aplicação de adubo orgânico sozinho.

Singh (2004) referiu que o diâmetro máximo da coalhada (16,42 cm), a profundidade da coalhada (10 cm), o peso líquido da coalhada (740,38 g), a solidez da coalhada (66,84 g/cm) e o rendimento comercializável da coalhada (236,92 q/ha) da couve-flor foram obtidos com a aplicação de 140 kg N/ha e 80 kg P/ha.

Zhen Yun *et al.* (2004) resumiu que o uso de fertilizante fosfatado causou altura máxima da planta, diâmetro da coalhada, peso da folha por planta e rendimento da coalhada quando 180 kg P/ha foi usado.

Narayanamma *et al.* (2005) realizaram uma experiência para determinar os efeitos dos biofertilizantes em combinação com fertilizantes inorgânicos no crescimento, rendimento, qualidade e estado dos nutrientes do solo após a colheita da couve-flor e obtiveram um rendimento significativamente mais elevado (18,6-22,6 t/ha) com a aplicação dos biofertilizantes *(Azotobacter, Azospirillum,* PSB e VAM) juntamente com a micorriza arbuscular vesicular (VAM) + 100% da dose recomendada de fertilizante @ 180:60:60 kg/ha.

Haque *et al.* (2006) investigaram os efeitos da aplicação de N a 60 (N1), 120 (N2) e 180 kg/ha (N3) e P a 30 (P1), 60 (P2) e 90 kg/ha (P3) no crescimento, rendimento e teor de nutrientes da couve cv. Atlas-70. O aumento máximo do rendimento e dos componentes do rendimento foi registado com o tratamento azoto @ 180 kg/ha + fósforo @ 60 kg/ha.

Singh e Singh (2005) registaram o peso médio máximo da coalhada e o rendimento da couve-flor com a aplicação de Azospirillum + 100% da dose recomendada de NPK @

120:60:60 kg/ha.

Meerabai *et al.* (2007) realizaram uma experiência para determinar o efeito de diferentes adubos orgânicos e biofertilizantes no crescimento, no rendimento e na economia da cabaça amarga, um dos produtos hortícolas mais promissores do Kerala, e registaram um aumento do número de colheitas, do número de frutos/planta, do rendimento total de frutos e dos rendimentos líquidos através da aplicação de estrume de curral @ 25 toneladas/ha + azoto @ 70 kg/ha + Azospirillum @ 1 kg/ha.

Yadav *et al.* (2007) realizaram uma experiência para determinar a influência dos fertilizantes orgânicos e inorgânicos no crescimento e rendimento da couve-flor, tendo registado o maior comprimento da coalhada (17,00 cm), peso da coalhada (560 g), rendimento por parcela (7,89 kg) e rendimento (392 q/ha) com a aplicação de 150 kg de Gromor/acre + 96 kg de ureia/acre + 32 kg de MOP/acre.

Ghuge *e t al.* (2007) referiram que o efeito da utilização combinada de fontes de nutrientes orgânicos e inorgânicos no crescimento e rendimento da couve cv. Pride of India. A aplicação de 50% da dose recomendada de fertilizantes (RDF) @ 150:80:75 kg + 50% de vermicomposto @ 2,5 t/ha registou o peso máximo da cabeça (1232 g por cabeça) e a compacidade da cabeça (79,07%).

Patil *et al.* (2007) estudaram a resposta de fertilizantes orgânicos e inorgânicos no crescimento, rendimento e qualidade do alho (Allium sativum L.) cv. Yamuna Safed-3 e registou a maior produção de bolbos comercializáveis de 19,34 t/ha pela aplicação combinada de 25% de FTR com 75% de N através de FYM @ 20 t/ha.

Idnani e Thuan (2007) relataram que o maior rendimento comercializável (18,3 toneladas/ha) de couve-flor pela aplicação de 50kg N/ha através de ureia + 5t/ha de esterco de curral.

Velmurugan *et al.* (2008) relataram que a melhor resposta à aplicação de adubos orgânicos e biofertilizantes na couve-flor e registaram o comprimento máximo da coalhada (15,66 cm), largura da coalhada (17,21 cm) e peso da coalhada (340,12 g/planta) pela aplicação de 15 toneladas/ha de estrume de curral (FYM) + 50:100:50 kg NPK/ha como curativo basal e 50 kg N/ha 45 dias após o transplante.

Ouda e Mahadeen (2008) realizaram uma experiência para determinar o efeito dos fertilizantes orgânicos e inorgânicos no rendimento e na qualidade dos brócolos *(Brassica oleracea* var. *italica)* e registaram o número máximo de cabeças por planta, o diâmetro da cabeça e o rendimento (40,05 toneladas/ha) com a aplicação de 60 kg de fertilizantes inorgânicos e 60 toneladas de estrume orgânico por hectare.

Kachari e Korla (2009) relataram que o tamanho máximo da coalhada, a altura da coalhada, o peso bruto da coalhada, o peso líquido da coalhada e o rendimento por hectare de couve-flor pela aplicação de 50 por cento da dose recomendada de NPK @ 125:75:65 kg/ha + Azospirillum + FYM @ 25 t/ha.

Jha e Jana (2009) investigaram que se registou uma melhoria significativa com a incorporação de 10 toneladas/ha de vermicomposto juntamente com 100% da dose recomendada de NPK. Além disso, salientaram que aspectos de crescimento como o número máximo de folhas no início da haste floral (20,77), o rendimento verde fresco (5,45 toneladas/ha) e o rendimento de sementes (9,60 toneladas/ha) e os seus atributos, juntamente com os parâmetros de qualidade, também foram obtidos em comparação com o controlo no espinafre.

Wani *et al.* (2010) relataram que a aplicação de 50% da dose recomendada de NPK combinada com estrume de aves (3 t/ha) obteve o maior rendimento de coalhada (325,1 q/ha) de couve-flor.

Kanaujia *et al.* (2010) relataram que a aplicação de 50% NPK (80:60:60 kg/ha) +50% Vermicomposto @ 5 toneladas/ha + Biofertilizantes e obteve o rendimento máximo de raiz (534,66 q/ha) de rabanete.

Khan *et al.* (2010) realizaram uma experiência para determinar o efeito da inoculação de Azospirillum, Azotobacter, bactérias solubilizadoras de fosfato (PSB) e micorriza arbuscular vesicular (VAM) no rendimento da couve-flor e registaram o rendimento máximo de coalhada (219,95 q/ha) através da utilização de Azospirillum + 100% da dose recomendada de NPK (150:60:60 kg/ha).

4.3 Efeito de várias fontes de gestão integrada de nutrientes nos parâmetros de qualidade:

ZhenYun *et al.* (2004) obtiveram como resultado o aumento do teor de ácido ascórbico através da aplicação de 180 kg P/ha.

Narayanamma *et al.* (2005) examinaram o conteúdo significativamente mais alto de vitamina C (59,7-60,4 mg/100 g) na couve-flor através do uso de micorriza vesicular arbuscular (VAM) + 100% da dose recomendada de NPK @ 180:60:60 kg/ha em comparação com a dose recomendada de NPK.

Singh e Singh (2005) examinaram o teor mais elevado de ácido ascórbico na couve-flor através da aplicação de Azospirillum + 100% da dose recomendada de NPK @ 120:60:60 kg/ha.

Haque *et al.* (2006) observaram os teores mais elevados de ácido ascórbico e de açúcares redutores na cabeça da couve com a aplicação de azoto a 180 kg/ha + fósforo a

90 kg/ha.

Sable e Bhamare (2007) examinaram o teor máximo de ácido ascórbico (87mg/100g) na coalhada de couve-flor pela aplicação de 75% de azoto @ 120kg/ha + Azotobacter + Azospirillum.

Ghuge *et al.* (2007) examinaram o máximo de ácido ascórbico (129,93 mg/100 g de cabeça) de repolho pela aplicação de 50% da dose recomendada de fertilizantes (RDF) @ 150:80:75 kg + 50% de vermicomposto @ 2,5 t/ha.

Kanaujia et *al.* (2010) registou o conteúdo máximo de sólidos solúveis totais (4,33° Brix) e ácido ascórbico (24,93 mg/100g) em rabanete através da utilização de 50% NPK (80:60:60 kg/ha) +50% Vermicomposto @ 5 toneladas/ha + Biofertilizantes.

Padamwar e Dakore (2010) realizaram uma experiência para determinar o efeito do vermicomposto, do estrume de curral (FYM) e dos biofertilizantes na qualidade nutricional das culturas de repolho, ou seja, repolho cv. Bahar, couve-flor cv. Tushar, knolkhol (Brassica caulerpa [B. oleracea var. gongylodes] cv. Sungrow) e examinou o aumento significativo da percentagem de ácido ascórbico (vitamina C) no conteúdo de coalhada de todas as culturas Cole devido à aplicação de fertilizantes de vermicomposto.

4.4 Efeito de várias fontes de gestão integrada de nutrientes na economia da produção agrícola:

Parmar e Sharma (2001) efectuaram um ensaio sobre a gestão integrada de nutrientes na couve-flor e referiram que o rendimento, o rendimento líquido e o N, P e K disponíveis no solo aumentavam à medida que a taxa de fertilizantes NPK aumentava.

Mehdi *et al.* (2003) registaram o maior retorno líquido (Rs. 98291,16) e lucro líquido por rupia de investimento (Rs 1,78) em couve-flor através da utilização de 225 kg N/ha

+ 100 kg P/ha.

Singh (2004) registou o maior rendimento líquido (Rs. 101060/ha) e o rácio custo/benefício (1:6,81) na couve-flor com a aplicação de 140 kg N/ha e 80 kg P/ha.

Bjelic *et al.* (2005) registaram o aumento do rendimento de forragem (caules e folhas) em média de 26,20 toneladas/ha em couve-flor pela aplicação de 120 kg N/ha.

Singh e Singh (2005) registaram o maior retorno líquido (Rs.53965/ha) e relação custo: benefício (1:2.23) na couve-flor com o uso combinado de Azospirillum + 100% da dose recomendada de NPK @ 120:60:60 kg/ha.

Narayanamma *et al.* (2005) registaram o maior custo: benefício (1:2.96) em couve-flor com a aplicação de micorriza arbuscular vesicular (VAM) + 100% da dose recomendada de NPK @ 180:60:60 kg/ha.

Idnani e Thuan (2007) registaram o maior rendimento líquido (Rs.49447/ha) e a relação custo/benefício (1:4,10) da couve-flor com a aplicação de 50 kg de N/ha através de ureia + 5t/ha de estrume de quinta.

Yadav *et al.* (2007) registaram a maior relação custo/benefício (1:2,88) na couve-flor através da utilização de 150 kg de Gromor/acre + 96 kg de ureia/acre + 32 kg de MOP/acre.

Acharya e Mondal (2010) registaram os maiores retornos líquidos (Rs.1,43,463/ha) e o rácio custo líquido: benefício (1:2.92) da couve-flor através da utilização de 75% da dose recomendada de fertilizante juntamente com 25% de N através de estrume de quinta.

Wani *et al.* (2010) registaram os maiores retornos líquidos (Rs.178,096/ha) e relação custo: benefício (1:3.59) de couve-flor com a dose recomendada de 50% de NPK combinada com estrume de aves de capoeira @ 3 t/ha.

Kanaujia *et al.* (2010) registou o maior retorno líquido (Rs.77,932) e relação custo:

benefício (1:3.17) de rabanete pela aplicação de 50% NPK (80:60:60 kg/ha) + 50%

Vermicomposto @ 5 toneladas/ha + Biofertilizantes.

Capítulo 3

MATERIAIS E MÉTODOS

Este capítulo trata dos pormenores dos materiais utilizados, do procedimento experimental seguido e das técnicas adoptadas durante o curso desta investigação. As condições climáticas e edáficas prevalecentes no local durante o período de cultivo também foram apresentadas nos locais apropriados.

Local experimental:

A experiência foi realizada durante a estação Rabi de 2009-10 e 2010-11 na Estação Experimental Principal, Departamento de Ciências Vegetais, Universidade de Agricultura e Tecnologia Narendra Deva, Narendra Nagar (Kumarganj) Faizabad (U.P.).

Condições climáticas e topográficas:

Geograficamente, o local de experimentação é abrangido por um clima subtropical húmido e situa-se a 26,470 N de latitude e 82,120E de longitude, a uma altitude de cerca de 113 metros ao nível do mar, na planície aluvial de Gangetic, a leste de Uttar Pradesh. A região de Faizabad recebeu uma precipitação média anual de cerca de 1200 mm. A precipitação máxima nesta região foi registada entre meados de junho e finais de setembro. No entanto, os aguaceiros ocasionais são também muito comuns nos meses de janeiro e fevereiro. Os meses de inverno são muito frios, enquanto os meses de verão são extremamente quentes e os ventos quentes do Oeste, conhecidos localmente como *loo*, começam em abril e continuam até ao início da monção, no mês de junho.

Condições edáficas:

Foi recolhida uma amostra composta de solo até uma profundidade de 15 cm com a ajuda de um trado de solo, a fim de determinar a textura do solo, o pH do solo, o carbono orgânico, o azoto, o fósforo e o potássio antes da transplantação. Os resultados da análise das propriedades físico-químicas do solo são apresentados no Quadro 3.1. De acordo com o método triangular de classificação do solo reconhecido pela Sociedade Internacional de Ciência do Solo, a textura do solo era franco-arenosa e ligeiramente alcalina em reação com um estado de fertilidade médio.

Tabela-3.1 Propriedades físico-químicas do campo experimental na fase inicial.

S.N.	Propriedades	Valor		Método utilizado
		2009-10	2010-11	
A. Mecânica				
1.	Areia	57.40	57.60	Hidrómetro de Bauyoucos
2.	Silte	24.70	24.10	
3.	Argila	17.90	18.30	
4.	Classe de textura	Franco-arenoso		Método triangular
B. Química				
1.	Reação do solo (pH)	7.90	7.70	Suspensão 1:2,5 (solo:água) utilizando um medidor de pH com elétrodo de vidro **(Jackson, 1973)**
2.	Carbono orgânico (%)	0.27	0.30	Método de titulação de Walkley e Black **(Walkley, 1964)**
3.	Azoto disponível (kg/ha)	119.60	122.75	Método do permagnato alcalino **(Subbiah e Asija, 1956)**
4.	Fósforo disponível (kg/ha)	20.80	21.30	Método de Olsen **(Olsen et al., 1954)**
5.	Potássio disponível (kg/ha)	172.40	173.10	Acetato de amónio normal neutro utilizando o fotómetro de chama **(Jackson, 1973)**

Condições meteorológicas:

Os pormenores das observações meteorológicas, tais como a

distribuição semanal da precipitação, a temperatura mínima e máxima, a humidade relativa e os dados relativos às horas de sol, foram registados durante o período de cultivo e os dados foram apresentados no Apêndice I e ilustrados graficamente na Fig.3.1.

Detalhes experimentais:

As experiências foram realizadas em blocos aleatórios com três repetições. Havia onze tratamentos e cada tratamento foi distribuído aleatoriamente em cada parcela durante os dois anos de investigação.

Pormenores da disposição:

Variedades	: **Snow Crown** (híbrido F_1)
Conceção	: Desenho de blocos aleatórios (RBD)
Número de tratamentos	: 11
Número de réplicas	: 3
Número total de parcelas	: 33
Dimensão líquida da parcela	: 2.40m x 2.25m (5.40m $)^2$

Espaçamento	: 60cm x 45cm
Linha a linha	: 60cm
Planta a planta	: 45 cm
Número de linhas /plot	: 4
Número de plantas/linha	: 5
Número de plantas/parcelas	: 20
Largura do canal de irrigação	: 1m
Largura do cavalete	: 40cm
Comprimento do campo	: 28.75m
Largura do campo	: 9.60m
Área experimental total	: 276 m^2

Pormenor dos tratamentos:

A fim de facilitar a sua referência, o símbolo atribuído aos diferentes tratamentos é apresentado a seguir:

T1   Dose recomendada de NPK/ha (150 kg:100 kg:80 kg)

T2   Meia dose de NPK/ha + FYM @ 15 toneladas/ha

T3   Meia dose de NPK/ha + Azospirillium @ 5 kg/ha

T4   Meia dose de NPK/ha + FYM @ 15 toneladas/ha + Azospirillium @ 5 kg/ha

T5   Meia dose de NPK/ha + Micorriza Arbascular Vesicular @ 5 kg/ha.

T6   Meia dose de NPK/ha + FYM @ 15 toneladas/ha + Micorriza Arbascular Vesicular @ 5 kg/ha.

T7   Meia dose de NPK/ha + FYM @ 15 toneladas/ha + Azospirillium @ 5 kg/ha + Vesicular Arbascular Mycorrhiza @ 5 kg/ha.

T8   Meia dose de NPK/ha + Vermicomposto @ 2,5 toneladas/ha

T9 Meia dose de NPK/ha + Vermicomposto @ 2,5 toneladas/ha + Azospirillium @ 5 kg/ha

T10 Meia dose de NPK/ha + Vermicomposto @ 2,5 toneladas/ha + Micorriza Arbascular Vesicular @ 5 kg/ha.

T11

Meia dose de NPK/ha + Vermicomposto @ 2,5 toneladas/ha + Azospirillium @ 5 kg/ha + Micorriza Arbascular Vesicular @ 5 kg/ha.

Criação de um viveiro:

As sementes foram tratadas com Thiram @ 2,5g/kg antes de serem semeadas na cama do viveiro. As sementes tratadas foram semeadas numa cama elevada bem preparada, abrindo sulcos em miniatura a 5 cm de distância. Depois de semear as sementes em sulcos em miniatura, uma leve película de estrume de quintal bem podre (FYM) foi espalhada sobre elas. Depois de cobrir as sementes, foi dada uma irrigação ligeira com a ajuda de um aspersor com cana de rosa e os canteiros foram cobertos com palha de arroz. Logo após o início da germinação das sementes, a palha de arroz foi removida dos canteiros e, depois disso, a humidade adequada foi mantida com uma irrigação ligeira.

Preparação do terreno:

Foi efectuada uma pré-irrigação do campo antes da lavoura e o solo foi pulverizado por meio de uma lavoura seguida de uma prancha. Todas as ervas daninhas e restolhos disponíveis no campo foram recolhidos manualmente e removidos do campo. Foi efectuado um nivelamento adequado para facilitar a irrigação. A disposição da experiência foi feita de acordo com o plano de investigação e os tratamentos indicados na Fig.3.2.

Aplicação de estrume e fertilizantes:

F.Y.M. @ 15 toneladas/ha e vermicomposto @ 2,5 toneladas/ha foram incorporados no campo no momento da preparação do campo de acordo com os tratamentos. Fertilizantes i.e. NPK (150 kg : 100 kg : 80 kg/ha) foram aplicados antes da sementeira de acordo com os tratamentos através de Ureia, Di Ammonium Phosphate (D.A.P.) e Muriate of potash, respetivamente. A dose de 1/3rd de Ureia e a dose completa de Fosfato de Di Amónio foram aplicadas como cobertura basal nas colinas de acordo com os tratamentos com dose comum de Muriato de Potássio. Os restantes 2/3rd dose de Ureia foram aplicados em duas doses. A primeira aos 30 dias e a segunda aos 45 dias após o transplante no topo.

Utilização de biofertilizantes:

Uma solução de jaggary foi preparada dissolvendo 25 g de jaggary em 250 ml de água; 50 g de cada cultura de Azospirillium foram adicionados a esta solução. As raízes das plântulas foram mergulhadas na solução durante 30 minutos antes de serem transplantadas para o campo. Após a imersão completa das raízes na solução, as plântulas foram transplantadas para as parcelas onde os locais já tinham sido marcados.

O pó de Micorriza Vesicular Arbascular (VAM) @ 5 kg/ha foi misturado com um pouco de solo fino, leve e seco, de modo a aumentar o volume da cultura. A mistura de solo VAM bem misturada foi colocada nos montes antes do transplante de acordo com os tratamentos. As mudas foram transplantadas imediatamente para o campo no mesmo dia.

Transplantação de plântulas:

A fim de facilitar o desenraizamento das plântulas, foi efectuada uma ligeira irrigação um dia antes. As plântulas com um mês de idade e vigorosas foram arrancadas cuidadosamente e as raízes das plântulas foram tratadas (durante 30 minutos) com a respectiva solução de biofertilizante, mergulhando as suas raízes antes de serem transplantadas para as respectivas parcelas, de acordo com o esquema. Todas as plântulas foram cuidadosamente transplantadas para as parcelas experimentais onde os pontos nas parcelas experimentais já estavam marcados.

Irrigação:

As parcelas foram irrigadas logo após o transplante das mudas e, juntamente com cinco irrigações, foram fornecidas durante todo o período de cultivo.

Preenchimento de lacunas:

Após uma semana, procedeu-se ao preenchimento do intervalo de tempo, a fim de manter a população de plantas uniforme.

Operações interculturais:

Para manter a planta em pé, bem como o seu crescimento satisfatório, foram efectuadas mondas e sachas e o solo à volta do tronco da planta foi pulverizado para um crescimento rápido das raízes.

Gestão da doença:

Foram efectuadas duas pulverizações preventivas de Dithane M-45 (0,03%) contra doenças.

Gestão das pragas:

Foram feitas duas pulverizações preventivas de Rogor (0,03%) contra os insectos.

Estudo de técnicas:

Na experiência de campo, foi impossível efetuar um estudo pormenorizado de todas as plantas, uma vez que todas as plantas dispunham de oportunidades e facilidades iguais para o seu crescimento e desenvolvimento, pelo que, de entre a população total de plantas da parcela, foram retiradas cinco plantas da parte central das parcelas para as observações. Estas plantas foram etiquetadas para registar os vários dados sobre a couve-flor. As observações sobre o crescimento, o rendimento e os atributos de qualidade foram registados nos seguintes parâmetros.

A. Caracteres de crescimento:

1. Altura da planta (cm)

2. N.º de folhas/planta

3. Comprimento da folha (cm)

4. Largura da folha (cm)

5. Peso fresco das folhas/planta (g)

6. Comprimento do caule (cm)

7. Espalhamento da planta (cm)

B. Caracteres de rendimento:

1. Diâmetro da coalhada (cm)

2. Peso da coalhada (g)

3. Volume da coalhada (ml)

4. Rendimento da coalhada (q/ha)

C. Caracteres de qualidade:

1. Sólidos solúveis totais (^{0} Brix)

2. Ácido ascórbico (mg/100g)

D. Economia da produção vegetal:

1. Custo de cultivo (Rs./ha)

2. Rendimento bruto (Rs./ha)

3.   Lucro líquido (Rs./ha)

4.   Rácio benefício : custo

A. Caracteres de crescimento:

1.   Altura da planta (cm): A altura da planta foi medida na altura da colheita. Foi registada desde o nível do solo até à ponta da folha maior, com a ajuda de uma escala métrica. Somando a altura de cinco plantas marcadas e dividindo-a por cinco, obtém-se a altura média da planta em centímetros.

2.   Número de folhas por planta: Na altura da colheita, contaram-se as folhas totalmente abertas de cinco plantas marcadas e calculou-se a média de cinco plantas para obter o número médio de folhas por planta.

3.   Comprimento da folha (cm): Na altura da maturidade, os comprimentos de quatro folhas completamente abertas de cinco plantas foram medidos numa escala de metros. A média foi calculada para obter o comprimento médio da folha por planta em centímetros.

4.   Largura da folha (cm): As folhas foram retiradas para medir a largura e também utilizadas para medir a largura da folha com a ajuda de uma escala métrica. O total acumulado da largura de quatro folhas de cada uma das cinco plantas marcadas foi calculado e apresentado como uma largura média da folha em centímetros.

5.   Peso fresco das folhas por planta (g): Após a colheita, as folhas das cinco plantas observadas foram separadas das plantas e pesadas. A média foi calculada para obter o peso médio das folhas por planta em gramas.

6.   Comprimento do caule (cm): No estádio de maturidade adequado, foram colhidas cinco plantas marcadas e o comprimento do caule foi medido com a ajuda de um medidor de riscas e a média dos cinco caules foi apresentada em centímetros.

7. Espalhamento da planta (cm): As plantas foram tomadas para medir a dispersão da planta com a ajuda de uma escala de metros. Foi calculada a média do total acumulado da dispersão de cinco plantas marcadas e apresentada como dispersão média da planta em centímetros.

B. Caracteres de rendimento:

1. **Diâmetro da coalhada (cm):** Na maturidade correta, o diâmetro de cinco coalhadas marcadas foi medido com a ajuda de um medidor de riscas e a média das cinco coalhadas foi apresentada em centímetros.

2. **Peso da coalhada (g):** A cultura foi colhida na maturidade correta. O peso da coalhada de cinco plantas observadas com folhas e caules de cabaça foi pesado e o peso médio por coalhada foi calculado em gramas.

3. **Volume de coalhada (ml):** Pegou-se em cinco plantas bem maduras e retiraram-se todas as folhas. A coalhada foi mergulhada num balde completamente cheio de água. Finalmente, mediu-se a quantidade de água que transbordou com a ajuda de uma proveta e calculou-se a média do volume de cinco coalhadas em milímetros.

4. **Rendimento da coalhada (q/ha):** Todas as plantas foram colhidas de cada vez em cada tratamento e pesou-se a coalhada juntamente com as folhas de cabaça por parcela. Os valores obtidos em cada parcela foram convertidos em quintais por hectare.

C. Caracteres de qualidade:

1. **Sólidos solúveis totais (oBrix):** Os sólidos solúveis totais do sumo de coalhada de couve-flor retirados de amostras colectivas de cinco coalhadas

de couve-flor por tratamento foram determinados com a ajuda de um refratómetro manual (Erma Japan) e os resultados foram expressos em grau brix (oB) de sólidos solúveis totais à temperatura ambiente.

2.   Ácido ascórbico (mg/100g):

O ácido ascórbico foi determinado pelo método de titulação habitual, utilizando uma solução corante de 2, 6 diclorofenol e indofenóis (A.O.A.C., 1975). Foram trituradas 5 g de amostras em ácido metafosfórico (3%) e o volume foi completado até 50 ml com ácido metafosfórico. O conteúdo foi filtrado com um pano de musselina. 5 ml de uma alíquota foram marcados pelo aparecimento de cor-de-rosa. O corante foi padronizado com uma solução padrão de ácido ascórbico (o.1mg/ml) preparada de fresco

numa solução de ácido metafosfórico a 3%. O nível de ácido ascórbico foi expresso em mg de ácido ascórbico em 100 g de peso fresco de coalhada.

$$\text{Ácido ascórbico da coalhada (mg/100g)} = \frac{\text{Valor titulado x Fator de coloração x Volume constituído}}{\text{Alíquota do extrato colhido x Volume da amostra colhida para estimativa}} \times 100$$

Fonte de variação	Grau de liberdade	Soma dos quadrados	Soma média dos quadrados	Rácio F	
				Valor calculado	Valor de
Réplicas (r-1)	3		MSR	MSR/MSE	
Tratamentos (t-1)	11		MST	MST/MSE	

Erro (r-1) (t-1)	33		MSE		
Total (r.t-1)	32				
		35			

$$\text{Fator de coloração} = \frac{0.5}{\text{Valor titulado}}$$

C. Economia da produção vegetal:

Os componentes económicos dos diferentes tratamentos foram calculados de acordo com as seguintes rubricas:

1.   Custo de cultivo (Rs./ha):

O custo de cultivo foi calculado tendo em conta todas as despesas efectuadas com base na taxa de mercado dos factores de produção, tal como indicado no Apêndice I.

2. Rendimento bruto (Rs./ha):

O rendimento bruto foi calculado multiplicando o rendimento por hectare da couve-flor sob vários tratamentos pelas taxas de venda prevalecentes da couve-flor no mercado local.

3. Lucro líquido (Rs./ha):

O custo de cultivo foi subtraído do rendimento bruto para obter o lucro líquido.

4. Relação benefício/custo:

A relação benefício/custo foi calculada através da seguinte fórmula.

$$\text{Rácio benefício : custo} = \frac{\text{Rendimento líquido (Rs./ha)}}{\text{Custo de cultivo (Rs./ha)}}$$

Tabela: Análise de variância

Onde,

r=Número de replicações

t=Número de tratamentos

O erro padrão, a diferença crítica e o coeficiente de variação foram calculados do seguinte modo

$$\text{SE of mean} = \sqrt{\frac{2\,\text{MSE}}{R}}$$

$$\text{Critical difference (C.D.)} = \sqrt{\frac{2\,\text{MSE}}{r}} \times t \text{ value at 5\% error d.f.}$$

$$\text{Divisor factor} = \frac{\text{Total expected unit}}{\text{Levels of a factor}}$$

Onde,

Valor da tabela da distribuição "t" do erro d.f. em P<0,5.

Capítulo 4

RESULTADOS EXPERIMENTAIS

As observações sobre várias caraterísticas, nomeadamente o crescimento das plantas, o rendimento e os seus atributos e parâmetros quantitativos, influenciadas pelas várias fontes de gestão integrada de nutrientes na couve-flor *(Brassica oleracea* var. *botrytis* L.), foram registadas durante os anos 2009-10 e 2010-11 e os resultados experimentais são aqui apresentados com quadros, figuras e placas adequados, sob os seguintes títulos

4.1 Efeito de várias fontes de gestão integrada de nutrientes nos parâmetros de crescimento das plantas:

4.1.1 Altura da planta (cm):

Os dados relativos à altura da planta (cm) afetada por várias fontes de gestão integrada de nutrientes foram apresentados no quadro 4.1 e graficamente na figura 4.1.Uma análise dos dados revelou que a maior altura de planta (61,67 cm e 60,55cm) foi registada por T_{11} (Meia dose de NPK/ha + Vermicomposto @ 2,5 toneladas/ha + Azospirillium @ 5 kg/ha + Vesicular Arbascular Mycorrhiza @ 5 kg/ha) durante 2009-10 e 2010-11, respetivamente, que significativamente maior do que outros tratamentos em ambos os anos. Por outro lado, a altura mais baixa da planta (51,24cm e 50,35cm) foi registada em T_1 (dose recomendada de NPK/ha - 150 kg: 100 kg: 80 kg) foi aplicada e a abordagem integrada não foi seguida durante 2009-10 e 2010-11, respetivamente.

4.1.2 Número de folhas por planta:

Os dados relativos ao número de folhas por planta, afectados por várias fontes de gestão integrada de nutrientes, foram apresentados no Quadro-4.2 e graficamente na Fig.-4.2.

Uma leitura dos dados presentes na tabela indicou claramente que o tratamento T11 (Meia dose de NPK/ha + Vermicomposto @ 2,5 toneladas/ha + Azospirillium @ 5 kg/ha + Vesicular Arbascular Mycorrhiza @ 5 kg/ha) produziu o máximo

Quadro-4.1 Efeito de várias fontes de gestão integrada de nutrientes na altura da <u>planta (cm)</u> da <u>couve-flor</u>

Símbolos	Tratamentos	2009-10	2010-11
T1	Dose recomendada de NPK/ha (150 kg:100 kg: 80 kg)	**51.24**	**50.35**
T2	Meia dose de NPK/ha + FYM @ 15 toneladas/ha	**55.25**	**54.24**
T3	Meia dose de NPK/ha + Azospirillium @ 5 kg/ha	**54.21**	**53.36**
T4	Meia dose de NPK/ha + FYM @ 15 toneladas/ha + Azospirillium @ 5 kg/ha	**58.09**	**56.67**
T5	Meia dose de NPK/ha + Micorriza Arbascular Vesicular @ 5 kg/ha.	**52.12**	**51.26**
T6	Meia dose de NPK/ha + FYM @ 15 toneladas/ha + Micorriza Arbascular Vesicular @ 5 kg/ha.	**57.55**	**57.03**
T7	Meia dose de NPK/ha + FYM @ 15 toneladas/ha + Azospirillium @ 5 kg/ha + Vesicular Arbascular Mycorrhiza @ 5 kg/ha.	**59.74**	**58.66**
T8	Meia dose de NPK/ha + Vermicomposto @ 2,5 toneladas/ha	**60.06**	**59.12**
T9	Meia dose de NPK/ha + Vermicomposto @ 2,5 toneladas/ha + Azospirillium @ 5 kg/ha	**61.40**	**59.98**
T10	Meia dose de NPK/ha + Vermicomposto @ 2,5 toneladas/ha + Micorriza Arbascular Vesicular @ 5 kg/ha.	**61.13**	**59.61**
T11	Meia dose de NPK/ha + Vermicomposto @ 2,5 toneladas/ha + Azospirillium @ 5 kg/ha + Micorriza Arbascular Vesicular @ 5 kg/ha.	**61.67**	**60.55**

	SEm±	1.81	1.65
	CD (P=0,05)	5.33	4.87

[illegible] Efeito de diferentes fontes de gestão integrada de nutrientes no número

Símbolos	Tratamentos	2009-10	2010-11
T1	Dose recomendada de NPK/ha (150 kg:100 kg: 80 kg)	21.55	21.00
T2	Meia dose de NPK/ha + FYM @ 15 toneladas/ha	22.24	21.95
T3	Meia dose de NPK/ha + Azospirillium @ 5 kg/ha	21.83	21.37
T4	Meia dose de NPK/ha + FYM @ 15 toneladas/ha + Azospirillium @ 5 kg/ha	22.81	22.76
T5	Meia dose de NPK/ha + Micorriza Arbascular Vesicular @ 5 kg/ha.	21.71	21.11
T6	Meia dose de NPK/ha + FYM @ 15 toneladas/ha + Micorriza Arbascular Vesicular @ 5 kg/ha.	22.61	22.31
T7	Meia dose de NPK/ha + FYM @ 15 toneladas/ha + Azospirillium @ 5 kg/ha + Vesicular Arbascular Mycorrhiza @ 5 kg/ha.	23.52	23.03
T8	Meia dose de NPK/ha + Vermicomposto @ 2,5 toneladas/ha	24.27	23.27
T9	Meia dose de NPK/ha + Vermicomposto @ 2,5 toneladas/ha + Azospirillium @ 5 kg/ha	24.94	24.42
T10	Meia dose de NPK/ha + Vermicomposto @ 2,5 toneladas/ha + Micorriza Arbascular Vesicular @ 5 kg/ha.	24.54	23.43
T11	Meia dose de NPK/ha + Vermicomposto @ 2,5 toneladas/ha + Azospirillium @ 5 kg/ha + Micorriza Arbascular Vesicular @ 5 kg/ha.	25.23	24.98
	SEm±	0.813	0.756
	CD (P=0,05)	2.40	2.23

número de folhas por planta (25,23 e 24,98) durante 2009-10 e 2010-11, respetivamente, que foi significativamente superior aos tratamentos em ambos os anos. O próximo melhor tratamento foi encontrado T_9 (Meia dose de NPK/ha + Vermicomposto @ 2,5 toneladas/ha + Azospirillium @ 5 kg/ha). O menor número de folhas por planta foi observado no caso do T_1 (Dose recomendada de NPK/ha - 150 kg: 100 kg: 80 kg).

4.1.3 Comprimento da folha (cm):

As observações registadas sobre o comprimento da folha (cm) na colheita, influenciadas pelos tratamentos com fertilizante químico, estrume orgânico e biofertilizante, foram ilustradas no Quadro 4.3 e apresentadas graficamente na Fig. 4.3.

A influência do fertilizante químico, do adubo orgânico e do biofertilizante no comprimento da folha foi significativa e o comprimento máximo da folha, ou seja, 52,52 cm e 51,84, foi registado nos anos 2009-10 e 2010-2011, respetivamente; com a aplicação de meia dose de NPK/ha + Vermicomposto @ 2,5 toneladas/ha + Azospirillium @ 5 kg/ha + Micorriza Vesicular Arbascular @ 5 kg/ha (T_{11}). Foi significativamente superior à aplicação da dose recomendada de NPK/ha (T_1), meia dose de NPK/ha + Azospirillium @ 5 kg/ha (T_3). No entanto, o comprimento mínimo da folha foi obtido 43,58cm e 42,46cm sob o tratamento T_1 (dose recomendada de NPK/ha) em ambos os anos de investigação.

4.1.4 Largura da folha (cm):

Os dados relativos à largura da folha (cm) afectados por várias fontes de gestão integrada de nutrientes foram apresentados no Quadro-4.4 e graficamente na Fig.-4.4.

Uma leitura dos dados revelou que a largura máxima da folha (26,07cm e 25,62cm) foi registada por T_{11} (Meia dose de NPK/ha + Vermicomposto @ 2,5 toneladas/ha + Azospirillium @ 5 kg/ha + Vesicular Arbascular Mycorrhiza @ 5 kg/ha) durante 2009-10 e 2010-11, respetivamente, o que significativamente

Quadro-4.3 Efeito de várias fontes de gestão integrada de nutrientes no comprimento da folha (cm) da couve-flor

Símbolos	Tratamentos	2009-10	2010-11
T1	Dose recomendada de NPK/ha (150 kg:100 kg: 80 kg)	43.58	42.46
T2	Meia dose de NPK/ha + FYM @ 15 toneladas/ha	46.14	44.95
T3	Meia dose de NPK/ha + Azospirillium @ 5 kg/ha	45.44	44.36
T4	Meia dose de NPK/ha + FYM @ 15 toneladas/ha + Azospirillium @ 5 kg/ha	48.88	48.04
T5	Meia dose de NPK/ha + Micorriza Arbascular Vesicular @ 5 kg/ha.	44.50	43.52
T6	Meia dose de NPK/ha + FYM @ 15 toneladas/ha + Micorriza Arbascular Vesicular @ 5 kg/ha.	47.75	46.19
T7	Meia dose de NPK/ha + FYM @ 15 toneladas/ha + Azospirillium @ 5 kg/ha + Vesicular Arbascular Mycorrhiza @ 5 kg/ha.	50.13	49.78
T8	Meia dose de NPK/ha + Vermicomposto @ 2,5 toneladas/ha	50.74	49.33
T9	Meia dose de NPK/ha + Vermicomposto @ 2,5 toneladas/ha + Azospirillium @ 5 kg/ha	52.37	51.63
T10	Meia dose de NPK/ha + Vermicomposto @ 2,5 toneladas/ha + Micorriza Arbascular Vesicular @ 5 kg/ha.	51.41	50.46
T11	Meia dose de NPK/ha + Vermicomposto @ 2,5 toneladas/ha + Azospirillium @ 5 kg/ha + Micorriza Arbascular Vesicular @ 5 kg/ha.	52.52	51.84
	SEm±	1.538	1.456

		4.54	4.56
	CD (P=0,05)	4.54	4.56

Quadro-4.4 Efeito de várias fontes de gestão integrada de nutrientes na largura da folha (cm) da couve-flor

Símbolos	Tratamentos	2009-10	2010-11
TI	Dose recomendada de NPK/ha (150 kg:100 kg: 80 kg)	21.06	20.37
T2	Meia dose de NPK/ha + FYM @ 15 toneladas/ha	22.49	21.81
T3	Meia dose de NPK/ha + Azospirillium @ 5 kg/ha	22.20	21.88
T4	Meia dose de NPK/ha + FYM @ 15 toneladas/ha + Azospirillium @ 5 kg/ha	23.85	23.14
T5	Meia dose de NPK/ha + Micorriza Arbascular Vesicular @ 5 kg/ha.	21.76	21.08
T6	Meia dose de NPK/ha + FYM @ 15 toneladas/ha + Micorriza Arbascular Vesicular @ 5 kg/ha.	23.71	22.82
T7	Meia dose de NPK/ha + FYM @ 15 toneladas/ha + Azospirillium @ 5 kg/ha + Vesicular Arbascular Mycorrhiza @ 5 kg/ha.	24.16	23.50
T8	Meia dose de NPK/ha + Vermicomposto @ 2,5 toneladas/ha	24.42	23.68
T9	Meia dose de NPK/ha + Vermicomposto @ 2,5 toneladas/ha + Azospirillium @ 5 kg/ha	25.85	25.42
T10	Meia dose de NPK/ha + Vermicomposto @ 2,5 toneladas/ha + Micorriza Arbascular Vesicular @ 5 kg/ha.	25.04	24.54
T11	Meia dose de NPK/ha + Vermicomposto @ 2,5 toneladas/ha + Azospirillium @ 5 kg/ha + Micorriza Arbascular Vesicular @ 5 kg/ha.	26.07	25.62

		0.806	0.778
SEm±			
CD (P=0,05)		2.38	2.29

maior do que outros tratamentos em ambos os anos. Por outro lado, a largura mínima da folha (21,06cm e 20,37cm) foi registada em T_1 (dose recomendada de NPK/ha - 150 kg: 100 kg: 80 kg) durante 2009-10 e 2010-11, respetivamente.

4.1.5 Peso fresco das folhas/planta (g):

Os dados relativos ao peso fresco das folhas por planta, afectados por várias fontes de gestão integrada de nutrientes, foram apresentados no Quadro 4.5 e graficamente na Fig. 4.5..5.A leitura dos dados presentes na tabela indicou claramente que o tratamento T_{11} (Meia dose de NPK/ha + Vermicomposto @ 2,5 toneladas/ha + Azospirillium @ 5 kg/ha + Micorriza Arbascular Vesicular @ 5 kg/ha) produziu o peso fresco máximo de folhas por planta (1108,33g e 1084,33g) durante 2009-10 e 2010-11, respetivamente, que significativamente superior aos tratamentos em ambos os anos. O próximo melhor tratamento foi encontrado T_9 (Meia dose de NPK/ha + Vermicomposto @ 2,5 toneladas/ha + Azospirillium @ 5 kg/ha). Por outro lado, o peso fresco mínimo de folhas por planta (853,33g e 818,33g) foi registado em T_1 (dose recomendada de NPK/ha - 150 kg: 100 kg: 80 kg) durante 2009-10 e 2010-11, respetivamente.

4.1.6 Comprimento do pedúnculo (cm):

Os dados sobre o comprimento do caule (cm) afectados por várias fontes de gestão integrada de nutrientes foram retratados no Quadro-4.6 e apresentados graficamente na Fig.-4.A partir dos dados, ficou evidente que o tratamento T_1 (Meia dose de NPK/ha + Vermicomposto @ 2,5 toneladas/ha + Azospirillium @ 5 kg/ha + Micorriza Arbascular Vesicular @ 5 kg/ha) produziu o comprimento mais alto de talo (12,33cm e 11,72cm) durante 2009-10 e 2010-11, respetivamente, que significativamente superior a outros tratamentos em ambos os anos. O próximo melhor manejo integrado de nutrientes foi o T9 (meia dose de NPK/ha + Vermicomposto @ 2,5 toneladas/ha + Azospirillium @ 5 kg/ha) onde os valores foram significativamente maiores. Os menores comprimentos de talo (10,08cm e 9,72cm) foram

Quadro-4.5 Efeito de várias fontes de gestão integrada de nutrientes no peso fresco <u>das folhas por planta (g) da couve-flor</u>

Símbolos	Tratamentos	2009-10	2010-11
T1	Dose recomendada de NPK/ha (150 kg:100 kg: 80 kg)	853.33	818.33
T2	Meia dose de NPK/ha + FYM @ 15 toneladas/ha	915.00	888.33
T3	Meia dose de NPK/ha + Azospirillium @ 5 kg/ha	888.33	851.67
T4	Meia dose de NPK/ha + FYM @ 15 toneladas/ha + Azospirillium @ 5 kg/ha	965.00	926.67
T5	Meia dose de NPK/ha + Micorriza Arbascular Vesicular @ 5 kg/ha.	880.00	838.67
T6	Meia dose de NPK/ha + FYM @ 15 toneladas/ha + Micorriza Arbascular Vesicular @ 5 kg/ha.	933.33	896.67
T7	Meia dose de NPK/ha + FYM @ 15 toneladas/ha + Azospirillium @ 5 kg/ha + Vesicular Arbascular Mycorrhiza @ 5 kg/ha.	998.33	976.67
T8	Meia dose de NPK/ha + Vermicomposto @ 2,5 toneladas/ha	1023.33	1001.67
T9	Meia dose de NPK/ha + Vermicomposto @ 2,5 toneladas/ha + Azospirillium @ 5 kg/ha	1088.33	1053.33
T10	Meia dose de NPK/ha + Vermicomposto @ 2,5 toneladas/ha + Micorriza Arbascular Vesicular @ 5 kg/ha.	1038.33	1008.33
T11	Meia dose de NPK/ha + Vermicomposto @ 2,5 toneladas/ha + Azospirillium @ 5 kg/ha + Micorriza Arbascular Vesicular @ 5 kg/ha.	1108.33	1084.33

		30.541	28.460
	SEm±	30.541	28.460
	CD (P=0,05)	90.10	83.96

Quadro 4.6 Efeito de várias fontes de gestão integrada de nutrientes no

Símbolos	Tratamentos	2009-10	2010-11
T1	Dose recomendada de NPK/ha (150 kg:100 kg: 80 kg)	10.08	9.72
T2	Meia dose de NPK/ha + FYM @ 15 toneladas/ha	10.65	10.12
T3	Meia dose de NPK/ha + Azospirillium @ 5 kg/ha	10.39	9.91
T4	Meia dose de NPK/ha + FYM @ 15 toneladas/ha + Azospirillium @ 5 kg/ha	11.18	10.84
T5	Meia dose de NPK/ha + Micorriza Arbascular Vesicular @ 5 kg/ha.	10.19	9.79
T6	Meia dose de NPK/ha + FYM @ 15 toneladas/ha + Micorriza Arbascular Vesicular @ 5 kg/ha.	10.82	9.95
T7	Meia dose de NPK/ha + FYM @ 15 toneladas/ha + Azospirillium @ 5 kg/ha + Vesicular Arbascular Mycorrhiza @ 5 kg/ha.	11.38	10.56
T8	Meia dose de NPK/ha + Vermicomposto @ 2,5 toneladas/ha	11.68	10.49
T9	Meia dose de NPK/ha + Vermicomposto @ 2,5 toneladas/ha + Azospirillium @ 5 kg/ha	12.20	11.39
T10	Meia dose de NPK/ha + Vermicomposto @ 2,5 toneladas/ha + Micorriza Arbascular Vesicular @ 5 kg/ha.	11.96	10.66
T11	Meia dose de NPK/ha + Vermicomposto @ 2,5 toneladas/ha + Azospirillium @ 5 kg/ha + Micorriza Arbascular Vesicular @ 5 kg/ha.	12.33	11.72
	SEm±	0.408	0.303

| | CD (P=0,05) | **1.20** | **0.89** |

registados em T_1 (dose recomendada de NPK/ha - 150 kg: 100 kg: 80 kg) onde não foram efectuados tratamentos de gestão integrada de nutrientes e apenas foi aplicada a dose recomendada de NPK.

4.1.7 Espalhamento da planta (cm):

Os dados relativos à extensão da planta (cm) afetada por várias fontes de gestão integrada de nutrientes foram apresentados no Quadro-4.7 e representados graficamente na Fig.-4.7.

Uma leitura dos dados presentes na tabela indicou claramente que o tratamento T_{11} (Meia dose de NPK/ha + Vermicomposto @ 2.5 toneladas/ha + Azospirillium @ 5 kg/ha + Vesicular Arbascular Mycorrhiza @ 5 kg/ha) produziu a propagação máxima da planta (65.30cm e 63.48cm) durante 2009-10 e 2010-11, respetivamente, que significativamente superior aos tratamentos em ambos os anos. O próximo melhor tratamento foi encontrado T9 (Meia dose de NPK/ha + Vermicomposto @ 2,5 toneladas/ha + Azospirillium @ 5 kg/ha). Por outro lado, a propagação mínima da planta (57,47cm e 55,62cm) foi exibida em T_1 (dose recomendada de NPK/ha - 150 kg: 100 kg: 80 kg) durante 2009-10 e 2010-11, respetivamente.

4.2 Efeito de várias fontes de gestão integrada de nutrientes nos parâmetros de rendimento:

4.2.1 Diâmetro da coalhada (cm):

O diâmetro da coalhada (cm) foi medido para observar o efeito de diferentes fontes de gestão integrada de nutrientes para o tamanho relativo da coalhada e os dados foram apresentados no Quadro-4.8 e representados graficamente na Fig.-4.8.

A partir dos dados, foi claramente indicado que o diâmetro máximo da coalhada (20,15cm e 19,21cm) durante 2009-10 e 2010-11, respetivamente; foram registados para o tratamento T_{11} (Meia dose de NPK/ha + Vermicomposto @ 2,5 toneladas/ha + Azospirillium @ 5 kg/ha + Vesicular Arbascular Mycorrhiza @ 5 kg/ha) que foi significativamente maior do que outros tratamentos. O diâmetro mínimo da coalhada (15,10cm e 14,25cm) foi registado em T$_1$ (dose recomendada de NPK/ha - 150 kg: 100 kg: 80 kg) durante 2009-10 e 2010-11, respetivamente.

Quadro-4.7 Efeito de várias fontes de gestão integrada de nutrientes na propagação da planta (cm) de couve-flor

Símbolos	Tratamentos	2009-10	2010-11
T1	Dose recomendada de NPK/ha (150 kg:100 kg: 80 kg)	57.47	55.62
T2	Meia dose de NPK/ha + FYM @ 15 toneladas/ha	61.16	59.18
T3	Meia dose de NPK/ha + Azospirillium @ 5 kg/ha	60.14	58.21
T4	Meia dose de NPK/ha + FYM @ 15 toneladas/ha + Azospirillium @ 5 kg/ha	62.92	60.96
T5	Meia dose de NPK/ha + Micorriza Arbascular Vesicular @ 5 kg/ha.	58.26	56.51
T6	Meia dose de NPK/ha + FYM @ 15 toneladas/ha + Micorriza Arbascular Vesicular @ 5 kg/ha.	62.10	60.12
T7	Meia dose de NPK/ha + FYM @ 15 toneladas/ha + Azospirillium @ 5 kg/ha + Vesicular Arbascular Mycorrhiza @ 5 kg/ha.	63.53	61.31
T8	Meia dose de NPK/ha + Vermicomposto @ 2,5 toneladas/ha	63.98	61.90
T9	Meia dose de NPK/ha + Vermicomposto @ 2,5 toneladas/ha + Azospirillium @ 5 kg/ha	64.51	62.73

Símbolos	Tratamentos	2009-10	2010-11
T10	Meia dose de NPK/ha + Vermicomposto @ 2,5 toneladas/ha + Micorriza Arbascular Vesicular @ 5 kg/ha.	64.19	62.13
T11	Meia dose de NPK/ha + Vermicomposto @ 2,5 toneladas/ha + Azospirillium @ 5 kg/ha + Micorriza Arbascular Vesicular @ 5 kg/ha.	65.30	63.48
	SEm±	1.180	1.176
	CD (P=0,05)	3.48	3.47

Tabela ... Efeito de várias fontes de gestão integrada de nutrientes no diâmetro

Símbolos	Tratamentos	2009-10	2010-11
T1	Dose recomendada de NPK/ha (150 kg:100 kg: 80 kg)	15.10	14.25
T2	Meia dose de NPK/ha + FYM @ 15 toneladas/ha	15.96	14.67
T3	Meia dose de NPK/ha + Azospirillium @ 5 kg/ha	15.56	14.39
T4	Meia dose de NPK/ha + FYM @ 15 toneladas/ha + Azospirillium @ 5 kg/ha	16.50	15.70
T5	Meia dose de NPK/ha + Micorriza Arbascular Vesicular @ 5 kg/ha.	15.12	14.33
T6	Meia dose de NPK/ha + FYM @ 15 toneladas/ha + Micorriza Arbascular Vesicular @ 5 kg/ha.	16.31	15.36
T7	Meia dose de NPK/ha + FYM @ 15 toneladas/ha + Azospirillium @ 5 kg/ha + Vesicular Arbascular Mycorrhiza @ 5 kg/ha.	16.82	15.81
T8	Meia dose de NPK/ha + Vermicomposto @ 2,5 toneladas/ha	17.04	16.58
T9	Meia dose de NPK/ha + Vermicomposto @ 2,5 toneladas/ha + Azospirillium @ 5 kg/ha	19.58	18.49

T10	Meia dose de NPK/ha + Vermicomposto @ 2,5 toneladas/ha + Micorriza Arbascular Vesicular @ 5 kg/ha.	17.69	16.49
T11	Meia dose de NPK/ha + Vermicomposto @ 2,5 toneladas/ha + Azospirillium @ 5 kg/ha + Micorriza Arbascular Vesicular @ 5 kg/ha.	20.15	19.21
	SEm±	0.563	0.487
	CD (P=0,05)	1.66	1.44

4.2.2 Peso da coalhada (g):

A observação relativa ao peso da coalhada (g) influenciada por várias fontes de gestão integrada de nutrientes foi apresentada no Quadro-4.9 e representada graficamente na Fig.-4.9.

Verificou-se que as diferentes fontes de gestão integrada de nutrientes tiveram um impacto positivo na melhoria do peso da coalhada (g). O peso máximo da coalhada (983,33g e 945,00g) foi registado durante os anos 2009-10 e 2010-11, respetivamente, com a aplicação do tratamento T_{11} (Meia dose de NPK/ha + Vermicomposto @ 2,5 toneladas/ha + Azospirillium @ 5 kg/ha + Micorriza Arbascular Vesicular @ 5 kg/ha), que foi significativamente superior aos outros tratamentos. O próximo melhor tratamento foi encontrado T_9 (meia dose de NPK/ha + Vermicomposto @ 2.5 toneladas/ha + Azospirillium @ 5 kg/ha) que produziu (965.00g e 905.00g) peso de coalhada durante os anos 2009-10 e 2010-11, respetivamente. O peso mínimo de coalhada 685.00g e 653.33g foram observados para o tratamento T_1 (dose recomendada de NPK/ha - 150 kg: 100 kg: 80 kg).

4.2.3 Volume da coalhada (ml):

As observações foram registadas para o volume de coalhada (ml), influenciado por várias fontes de gestão integrada de nutrientes, e foram apresentadas no Quadro-4.10 e representadas graficamente na Fig.-4.10.

Todos os componentes da gestão integrada de nutrientes foram considerados reactivos no aumento do volume da coalhada (ml). O volume máximo de coalhada (875.00ml e 760.00ml) foi registado com a aplicação de meia dose de NPK/ha + Vermicomposto @ 2.5 toneladas/ha + Azospirillium @ 5 kg/ha + Vesicular Arbascular Mycorrhiza @ 5 kg/ha (T_{11}) durante os anos 2009-10 e 2010-11, respetivamente, que se revelou significativamente superior aos outros tratamentos. O segundo melhor tratamento foi encontrado T9 (meia dose de NPK/ha + Vermicomposto @ 2,5 toneladas/ha + Azospirillium @ 5 kg/ha) que produziu (850,00ml e 735,00ml) de peso de coalhada durante os anos 2009-10 e 2010-11, respetivamente. Por outro lado, o volume mínimo de coalhada (610.00ml e 515.00ml) foi exibido pelo tratamento T_1 (dose recomendada de NPK/ha - 150 kg: 100 kg: 80 kg).

4.2.4 Rendimento da coalhada (q/ha):

Os dados relativos ao rendimento da coalhada (q/ha) influenciados pela aplicação de várias fontes de gestão integrada de nutrientes são apresentados no Quadro-4.11 e representados graficamente na Fig.-4.11.

Uma análise dos dados revelou que um rendimento significativamente maior de coalhada de couve-flor (269,33q/ha e 267,02q/ha) foi obtido devido à aplicação de T_{11} (meia dose de NPK/ha + Vermicomposto @ 2,5 toneladas/ha + Azospirillium @ 5 kg/ha + Micorriza Vesicular Arbascular @ 5 kg/ha) durante os anos 2009-10 e 2010-11, respetivamente, em comparação com outros tratamentos. O segundo melhor tratamento foi encontrado T_9 (meia dose de NPK/ha + Vermicomposto @ 2,5 toneladas/ha + Azospirillium @ 5 kg/ha) com rendimento de coalhada (262,29q/ha e 260,47q/ha) durante os anos 2009-10 e 2010-11, respetivamente. O rendimento mínimo de coalhada (186.12q/ha e 184.11q/ha) foi registado no tratamento T_1 (dose recomendada de NPK/ha - 150 kg: 100 kg: 80 kg) durante os anos 2009-10 e 2010-11, respetivamente.

É interessante salientar que a aplicação de várias fontes orgânicas + meia dose de NPK mostrou uma resposta altamente significativa em relação à dose recomendada de NPK isoladamente em termos de aumento do rendimento da coalhada (q/ha) da couve-flor. A aplicação de várias fontes de gestão integrada de nutrientes que afectam o rendimento do requeijão (q/ha) da couve-flor provou ser digna, particularmente no contexto atual.

Quadro-4.9 Efeito de várias fontes de gestão integrada de nutrientes no peso da coalhada (g) da couve-flor

Símbolos	Tratamentos	2009-10	2010-11
T1	Dose recomendada de NPK/ha (150 kg:100 kg: 80 kg)	685.00	653.33
T2	Meia dose de NPK/ha + FYM @ 15 toneladas/ha	763.33	720.00
T3	Meia dose de NPK/ha + Azospirillium @ 5 kg/ha	750.00	711.67
T4	Meia dose de NPK/ha + FYM @ 15 toneladas/ha + Azospirillium @ 5 kg/ha	848.33	793.33
T5	Meia dose de NPK/ha + Micorriza Arbascular Vesicular @ 5 kg/ha.	705.00	671.67
T6	Meia dose de NPK/ha + FYM @ 15 toneladas/ha + Micorriza Arbascular Vesicular @ 5 kg/ha.	841.67	795.00
T7	Meia dose de NPK/ha + FYM @ 15 toneladas/ha + Azospirillium @ 5 kg/ha + Vesicular Arbascular Mycorrhiza @ 5 kg/ha.	861.67	815.00
T8	Meia dose de NPK/ha + Vermicomposto @ 2,5 toneladas/ha	890.00	835.00
T9	Meia dose de NPK/ha + Vermicomposto @ 2,5 toneladas/ha + Azospirillium @ 5 kg/ha	965.00	905.00
T10	Meia dose de NPK/ha + Vermicomposto @ 2,5 toneladas/ha + Micorriza Arbascular Vesicular @ 5 kg/ha.	910.00	855.00

T11	Meia dose de NPK/ha + Vermicomposto @ 2,5 toneladas/ha + Azospirillium @ 5 kg/ha + Micorriza Arbascular Vesicular @ 5 kg/ha.	983.33	945.00
	SEm±	**28.080**	**33.008**
	CD (P=0,05)	**82.84**	**97.38**

Quadro-4.10 Efeito de várias fontes de gestão integrada de nutrientes no volume de <u>coalhada (ml)</u> da <u>couve-flor</u>

Símbolos	Tratamentos	2009-10	2010-11
T1	Dose recomendada de NPK/ha (150 kg:100 kg: 80 kg)	610.00	515.00
T2	Meia dose de NPK/ha + FYM @ 15 toneladas/ha	701.67	598.33
T3	Meia dose de NPK/ha + Azospirillium @ 5 kg/ha	651.67	560.00
T4	Meia dose de NPK/ha + FYM @ 15 toneladas/ha + Azospirillium @ 5 kg/ha	735.00	660.00
T5	Meia dose de NPK/ha + Micorriza Arbascular Vesicular @ 5 kg/ha.	641.67	525.00
T6	Meia dose de NPK/ha + FYM @ 15 toneladas/ha + Micorriza Arbascular Vesicular @ 5 kg/ha.	723.33	635.00
T7	Meia dose de NPK/ha + FYM @ 15 toneladas/ha + Azospirillium @ 5 kg/ha + Vesicular Arbascular Mycorrhiza @ 5 kg/ha.	780.00	670.00
T8	Meia dose de NPK/ha + Vermicomposto @ 2,5 toneladas/ha	788.33	695.00
T9	Meia dose de NPK/ha + Vermicomposto @ 2,5 toneladas/ha + Azospirillium @ 5 kg/ha	850.00	735.00

Símbolos	Tratamentos	2009-10	2010-11
T10	Meia dose de NPK/ha + Vermicomposto @ 2,5 toneladas/ha + Micorriza Arbascular Vesicular @ 5 kg/ha.	813.33	705.00
T11	Meia dose de NPK/ha + Vermicomposto @ 2,5 toneladas/ha + Azospirillium @ 5 kg/ha + Micorriza Arbascular Vesicular @ 5 kg/ha.	875.00	760.00
	SEm±	**25.857**	**25.228**
	CD (P=0,05)	**76.28**	**74.43**

Quadro-4.11 Efeito de várias fontes de gestão integrada de nutrientes nos sólidos solúveis totais da coalhada (°B) de couve-flor

Símbolos	Tratamentos	2009-10	2010-11
T1	Dose recomendada de NPK/ha (150 kg:100 kg: 80 kg)	4.74	4.67
T2	Meia dose de NPK/ha + FYM @ 15 toneladas/ha	4.78	4.72
T3	Meia dose de NPK/ha + Azospirillium @ 5 kg/ha	4.82	4.77
T4	Meia dose de NPK/ha + FYM @ 15 toneladas/ha + Azospirillium @ 5 kg/ha	4.89	4.84
T5	Meia dose de NPK/ha + Micorriza Arbascular Vesicular @ 5 kg/ha.	5.01	5.00
T6	Meia dose de NPK/ha + FYM @ 15 toneladas/ha + Micorriza Arbascular Vesicular @ 5 kg/ha.	5.11	5.01
T7	Meia dose de NPK/ha + FYM @ 15 toneladas/ha + Azospirillium @ 5 kg/ha + Vesicular Arbascular Mycorrhiza @ 5 kg/ha.	5.20	5.18
T8	Meia dose de NPK/ha + Vermicomposto @ 2,5 toneladas/ha	4.92	4.87

T9	Meia dose de NPK/ha + Vermicomposto @ 2,5 toneladas/ha + Azospirillium @ 5 kg/ha	5.10	5.05
T10	Meia dose de NPK/ha + Vermicomposto @ 2,5 toneladas/ha + Micorriza Arbascular Vesicular @ 5 kg/ha.	5.13	5.04
T11	Meia dose de NPK/ha + Vermicomposto @ 2,5 toneladas/ha + Azospirillium @ 5 kg/ha + Micorriza Arbascular Vesicular @ 5 kg/ha.	5.29	5.23
	SEm±	0.041	0.039
	CD (P=0,05)	0.12	0.11

4.3 Efeito de várias fontes de gestão integrada de nutrientes nos parâmetros de qualidade:

Avaliar o efeito de diferentes fontes de gestão integrada de nutrientes nos parâmetros de qualidade. Foram efectuados estudos *sobre* os sólidos solúveis totais (S.S.T.) e o ácido ascórbico (mg/100g). A estimativa do valor dos parâmetros acima referidos foi efectuada em condições laboratoriais e os resultados são enumerados a seguir:

4.3.1 Sólidos totais solúveis da coalhada (°B):

O valor estimado para os sólidos solúveis totais (S.S.T.) dos diferentes tratamentos foi analisado estatisticamente e apresentado na Tabela-4.12 e representado graficamente na Fig.-
4.12.

Os dados indicam que foram observadas diferenças não significativas devido à aplicação de várias fontes de gestão integrada de nutrientes durante ambos os anos em termos de sólidos solúveis totais (S.S.T.). No entanto, o teor máximo de sólidos solúveis totais (S.S.T.) (5,29°B e 5,18°B) foi registado com a aplicação do tratamento T_{11} (meia dose de NPK/ha + Vermicomposto @ 2.5 toneladas/ha + Azospirillium @ 5 kg/ha + Vesicular Arbascular Mycorrhiza @ 5 kg/ha) durante os anos 2009-10 e 2010-11, respetivamente, seguido pelo tratamento T7 (meia dose de NPK/ha + FYM @ 15 toneladas/ha + Azospirillium @ 5 kg/ha + Vesicular Arbascular Mycorrhiza @ 5 kg/ha) com um valor estimado de (5.20°B e 5.17°B) em ambos os anos de experiência. Os valores mínimos (4,74°B e 4,67°B) foram observados no tratamento T_1 (dose recomendada de NPK/ha).

4.3.1 Ácido ascórbico da coalhada (mg/100g):

O valor estimado do ácido ascórbico da coalhada (mg/100g) dos diferentes tratamentos foi analisado estatisticamente e apresentado na Tabela-4.13 e representado graficamente na Fig.-

4 .13.

Um exame crítico dos dados apresentados no Quadro 4.13 revelou que, através de uma melhoria do teor de ácido ascórbico da couve-flor

Quadro-4.12 Efeito de várias fontes de gestão integrada de nutrientes no ácido ascórbico da coalhada (mg/100g) de couve-flor

Símbolos	Tratamentos	2009-10	2010-11
T1	Dose recomendada de NPK/ha (150 kg:100 kg: 80 kg)	58.59	58.04
T2	Meia dose de NPK/ha + FYM @ 15 toneladas/ha	58.83	58.50
T3	Meia dose de NPK/ha + Azospirillium @ 5 kg/ha	59.15	58.92
T4	Meia dose de NPK/ha + FYM @ 15 toneladas/ha + Azospirillium @ 5 kg/ha	59.21	58.94
T5	Meia dose de NPK/ha + Micorriza Arbascular Vesicular @ 5 kg/ha.	59.41	59.24
T6	Meia dose de NPK/ha + FYM @ 15 toneladas/ha + Micorriza Arbascular Vesicular @ 5 kg/ha.	59.53	59.37

T7	Meia dose de NPK/ha + FYM @ 15 toneladas/ha + Azospirillium @ 5 kg/ha + Vesicular Arbascular Mycorrhiza @ 5 kg/ha.	59.69	59.47
T8	Meia dose de NPK/ha + Vermicomposto @ 2,5 toneladas/ha	58.94	58.64
T9	Meia dose de NPK/ha + Vermicomposto @ 2,5 toneladas/ha + Azospirillium @ 5 kg/ha	59.28	59.16
T10	Meia dose de NPK/ha + Vermicomposto @ 2,5 toneladas/ha + Micorriza Arbascular Vesicular @ 5 kg/ha.	60.09	59.76
T11	Meia dose de NPK/ha + Vermicomposto @ 2,5 toneladas/ha + Azospirillium @ 5 kg/ha + Micorriza Arbascular Vesicular @ 5 kg/ha.	60.21	59.97
	SEm±	0.521	0.523
	CD (P=0,05)	1.53	1.54

[texto sobreposto ilegível] integrada de nutrientes no

Símbolos	Tratamentos	2009-10	2010-11
T1	Dose recomendada de NPK/ha (150 kg:100 kg: 80 kg)	186.12	184.11
T2	Meia dose de NPK/ha + FYM @ 15 toneladas/ha	209.71	206.04
T3	Meia dose de NPK/ha + Azospirillium @ 5 kg/ha	201.34	198.87
T4	Meia dose de NPK/ha + FYM @ 15 toneladas/ha + Azospirillium @ 5 kg/ha	226.11	223.21
T5	Meia dose de NPK/ha + Micorriza Arbascular Vesicular @ 5 kg/ha.	193.36	190.83
T6	Meia dose de NPK/ha + FYM @ 15 toneladas/ha + Micorriza Arbascular Vesicular @ 5 kg/ha.	219.33	217.18

T7	Meia dose de NPK/ha + FYM @ 15 toneladas/ha + Azospirillium @ 5 kg/ha + Vesicular Arbascular Mycorrhiza @ 5 kg/ha.	236.25	233.95
T8	Meia dose de NPK/ha + Vermicomposto @ 2,5 toneladas/ha	241.85	240.40
T9	Meia dose de NPK/ha + Vermicomposto @ 2,5 toneladas/ha + Azospirillium @ 5 kg/ha	262.29	260.47
T10	Meia dose de NPK/ha + Vermicomposto @ 2,5 toneladas/ha + Micorriza Arbascular Vesicular @ 5 kg/ha.	252.24	250.68
T11	Meia dose de NPK/ha + Vermicomposto @ 2,5 toneladas/ha + Azospirillium @ 5 kg/ha + Micorriza Arbascular Vesicular @ 5 kg/ha.	269.33	267.02
	SEm±	**8.228**	**8.822**
	CD (P=0,05)	**24.27**	**26.03**

A coalhada foi obtida com a aplicação de vários tratamentos, mas as diferenças entre eles não foram significativas. O tratamento T11 (meia dose de NPK/ha + Vermicomposto @ 2,5 toneladas/ha + Azospirillium @ 5 kg/ha + Micorriza Arbascular Vesicular @ 5 kg/ha) foi o melhor em ter o teor máximo de ácido ascórbico na coalhada de couve-flor (60,21 mg/100g e 59.97mg/100g) durante os anos 2009-10 e 2010-11, respetivamente, seguido de perto pelo tratamento T7 (meia dose de NPK/ha + FYM @ 15 toneladas/ha + Azospirillium @ 5 kg/ha + Vesicular Arbascular Mycorrhiza @ 5 kg/ha) com o valor de 59,69mg/100g e 59,47 mg/100g durante ambos os anos de investigação, respetivamente. O valor mínimo (58,59mg/100g e 58,04 mg/100g) foi observado no tratamento T1 (dose recomendada de NPK/ha).

4.4 Economia:

A aceitação de qualquer recomendação agrícola depende principalmente da sua relação benefício: custo. Era, portanto, desejável calcular o custo de cultivo

(Rs./ha), o rendimento bruto (Rs./ha) e o lucro líquido (Rs./ha) sob os vários tratamentos em ambos os anos da experiência. Os valores de ambos os anos foram calculados e apresentados na Tabela-4.14. O custo de cultivo de um hectare de couve-flor e os custos variáveis dos diferentes tratamentos utilizados foram apresentados em pormenor no Anexo II.

4.4.1 Custo de cultivo (Rs./ha):

É evidente a partir do valor apresentado na Tabela-4.14 que o maior custo de cultivo (Rs.53813/ha e Rs.54763/ha) foi calculado sob T_{11} (meia dose de NPK/ha + Vermicomposto @ 2.5 toneladas/ha + Azospirillium @ 5 kg/ha + Micorriza Vesicular Arbascular @ 5 kg/ha) seguido pelo tratamento T9 (meia dose de NPK/ha + Vermicomposto @ 2.5 toneladas/ha + Azospirillium @ 5 kg/ha) e T_{10} (meia dose de NPK/ha + Vermicomposto @ 2.5 toneladas/ha + Micorriza Vesicular Arbascular @ 5 kg/ha) com um gasto de Rs.53338/ha e Rs.54263/ha foram iguais durante os anos 2009-10 e 2010-11, respetivamente. O custo mínimo de cultivo Rs.40338/ha e Rs.41263/ha foi calculado para T3 (meia dose de NPK/ha + Azospirillium @ 5 kg/ha) e T5 (meia dose de NPK/ha + Vesicular Arbascular Mycorrhiza @ 5 kg/ha) durante os anos 2009-10 e 2010-11, respetivamente.

4.4.2 Rendimento bruto (Rs./ha):

O rendimento bruto máximo de Rs.215464/ha e Rs.213616/ha foi calculado para T_{11} (meia dose de NPK/ha + Vermicomposto @ 2.5 toneladas/ha + Azospirillium @ 5 kg/ha + Micorriza Arbascular Vesicular @ 5 kg/ha) seguido pelo tratamento T9 (meia dose de NPK/ha + Vermicomposto @ 2.5 toneladas/ha + Azospirillium @ 5 kg/ha) com Rs.209832/ha e Rs.208376/ha, enquanto que o rendimento bruto mínimo de Rs.148896/ha e Rs.147288/ha foi trabalhado para T_1 (dose recomendada de NPK/ha -150kg :100kg :80kg) durante os anos 2009-10 e 2010-11, respetivamente.

4.4.3 Lucro líquido (Rs./ha):

O lucro líquido (Rs/ha) foi calculado subtraindo o custo de cultivo do rendimento bruto. Verificou-se que o lucro líquido máximo (Rs. 161651/ha e Rs. 160853/ha) com a aplicação do T_{11} (meia dose de NPK/ha + Vermicomposto @

2,5 toneladas/ha + Azospirillium @ 5 kg/ha + Micorriza Arbascular Vesicular @ 5 kg/ha) seguido pelo retorno líquido de Rs.156494/ha e Rs.154113/ha foi obtido no caso de T9 (meia dose de NPK/ha + Vermicomposto @ 2,5 toneladas/ha + Azospirillium @ 5 kg/ha), enquanto o rendimento bruto mínimo de Rs.106470/ha e Rs.103962/ha foi trabalhado para T_1 (dose recomendada de NPK/ha -150kg :100kg :80kg) durante os anos 2009-10 e 2010-11, respetivamente.

4.4.4 Relação benefício/custo:

O benefício máximo: relação de custo (1:3.08 e 1:2.96) foi registado na combinação de tratamento T7 (meia dose de NPK/ha + FYM @ 15 toneladas/ha + Azospirillium @ 5 kg/ha + Vesicular Arbascular Mycorrhiza @ 5 kg/ha) seguido por T_{11} (meia dose de NPK/ha + Vermicomposto @ 2.5 toneladas/ha + Azospirillium @ 5 kg/ha + Vesicular Arbascular Mycorrhiza @ 5 kg/ha) com 1:3.00 e 1:2.94 enquanto o benefício mínimo: rácio de custo (1:2.51 e 1:2.40) na combinação de tratamento T_1 (dose recomendada de NPK/ha -150kg :100kg :80kg) durante os anos 2009-10 e 2010-11, respetivamente. É claramente indicado que o tratamento T_7 (meia dose de NPK/ha + FYM @ 15 toneladas/ha + Azospirillium @ 5 kg/ha + Vesicular Arbascular Mycorrhiza @ 5 kg/ha) foi considerado melhor do que T_{11} em termos de benefício: rácio de custo e também do ponto de vista dos agricultores.

4.14 Efeito de várias fontes de gestão integrada de nutrientes na economia da cultura (Rs./ha) da couve-flor

S. Não.	Tratamentos	Rendimento (q/ha)		Rendimento bruto (Rs.)		Custo de cultivo (Rs.)		Rendimento líquido (Rs.)		Rácio custo/benefício	
		2009-10	2010-11	2009-10	2010-11	2009-10	2010-11	2009-10	2010-11	2009-10	2010-11
1.	Dose recomendada de NPK/ha (150 kg: 100 kg: 80 kg)	186.12	184.11	**148896**	**147288**	42426	43326	106470	103962	1:2.51	1:2.40
2.	Meia dose de NPK/ha + FYM @15 toneladas/ha	209.71	206.04	167768	164832	45363	46263	122405	118562	1:2.70	1:2.56
3.	Meia dose de NPK/ha + Azospirillium @ 5 kg/ha	201.34	198.87	161072	159096	**40338**	**41263**	120734	117833	1:2.99	1:2.86
4.	Meia dose de NPK/ha + FYM @15 toneladas/ha + Azospirillium @ 5 kg/ha	226.11	223.21	180888	178568	45838	46763	135050	131805	1:2.95	1:2.82
5.	Meia dose de NPK/ha + Micorriza Arbascular Vesicular @ 5 kg/ha.	193.36	190.83	154688	152664	**40338**	**41263**	114350	111401	1:2.83	1:2.70
6.	Meia dose de NPK/ha + FYM @15 toneladas/ha + Micorriza Vesicular Arbascular @ 5 kg/ha.	219.33	217.18	175464	173744	45838	46763	129626	126981	1:2.86	1:2.72
7.	Meia dose de NPK/ha + FYM @15 toneladas/ha + Azospirillium @ 5 kg/ha + VAM @ 5 kg/ha.	236.25	233.95	189000	187160	46313	47263	**142687**	**139897**	**1:3.08**	**1:2.96**
8.	Meia dose de NPK/ha + Vermicomposto @ 2,5 toneladas/ha	241.85	240.40	193480	192320	52863	53763	140617	138557	1:2.66	1:2.58
9.	Meia dose de NPK/ha + Vermicomposto @ 2,5 toneladas/ha + Azospirillium @ 5 kg/ha	262.29	260.47	**209832**	**208376**	**53338**	**54263**	156494	154113	1:2.93	1:2.84
10.	Meia dose de NPK/ha + Vermicomposto @ 2,5 toneladas/ha + Micorriza Arbascular Vesicular @ 5 kg/ha.	252.24	250.68	201792	200544	**53338**	**54263**	148454	146281	1:2.78	1:2.70
11.	Meia dose de NPK/ha + Vermicomposto @ 2,5 toneladas/ha + Azospirillium @ 5 kg/ha + VAM @ 5 kg/ha.	269.33	267.02	**215464**	**213616**	**53813**	**54763**	**161651**	**160853**	**1:3.00**	**1:2.94**

Capítulo 5

DISCUSSÃO

A presente investigação foi efectuada durante 2009-10 e 2010-11 para descobrir a gestão integrada de nutrientes adequada para melhorar o crescimento das plantas, o rendimento e a qualidade da couve-flor *(Brassica oleracea* var. *botrytis* L.). Os resultados experimentais obtidos nos presentes estudos devido à aplicação de várias fontes de gestão integrada de nutrientes são discutidos nos pontos seguintes, à luz da explicação científica e dos resultados da investigação disponíveis na literatura ligeira.

A gestão integrada de nutrientes é um conceito bastante antigo que se refere à utilização de estrumes orgânicos, biofertilizantes e outras fontes de nutrientes orgânicos em combinação com fertilizantes inorgânicos. A gestão integrada de nutrientes revelou-se bastante promissora não só para manter uma produtividade mais elevada, mas também para melhorar a saúde do solo em todos os aspectos, *nomeadamente* físicos, químicos e biológicos.

Após a independência do nosso país, a população aumentou tremendamente, a um ritmo mais rápido do que a produção necessária. Por conseguinte, no passado recente, a nossa investigação agrícola centrou-se sobretudo na qualidade quantitativa e não na qualidade nutricional dos produtos. No entanto, tem havido uma atenção crescente para a qualidade dos produtos, tanto nos mercados nacionais como internacionais. Os fertilizantes químicos têm um efeito a curto prazo na produtividade, mas a longo prazo têm um efeito negativo no ambiente, reduzindo a produtividade e a qualidade dos produtos. É aqui que entra em jogo a agricultura de gestão integrada de nutrientes. A agricultura com tem a capacidade de tratar de cada um destes problemas. Também ajuda muito os agricultores a tornarem-se auto-suficientes no que diz respeito às necessidades de factores de produção agrícolas e reduz os seus custos totais. No entanto, quando mudamos o fornecimento de nutrientes para a forma química, a forma integrada de nutrientes é frequentemente uma redução no rendimento e leva vários anos até que o rendimento aumente e se estabilize a um nível superior ao que foi arquivado sob regime químico.

Para aumentar o rendimento e a qualidade dos produtos, bem como enriquecer o estado da fertilidade do solo, a gestão integrada dos nutrientes é, na verdade, a componente técnica e de gestão para atingir os objectivos em situação de exploração agrícola. A resposta do rendimento da couve-flor, bem como de outras culturas, à adição de fertilizantes inorgânicos foi considerável. Mas devido à utilização destes fertilizantes químicos, estes nutrientes reagem com a matéria inorgânica inerente do solo e esgotam mesmo o húmus nativo, resultando assim na queda da produção da cultura a longo prazo. Além disso, este problema pode ser ultrapassado; estes produtos químicos lixiviam-se para as águas subterrâneas através da quantidade adicional de resíduos orgânicos e de estrume. o de fertilizantes inorgânicos. o integrada de nutrientes é, portanto, imprópria para uso humano e animal, o que tem vindo a ganhar importância nos últimos anos.

5. Efeito de várias fontes de nutrientes:

O azoto é um componente vital dos aminoácidos, das nucleoproteínas e do ácido nucleico nas células vegetais. Para além do seu papel na formação de proteínas, o azoto é parte integrante da clorofila, que é o principal absorvente de luz necessário para a fotossíntese. Por outro lado, a abundância de azoto ajuda a preparar protoplasma suficiente e, assim, a planta torna-se suculenta.

O fósforo é um constituinte integrado do ácido nucleico, da fitina e dos fosfolípidos. O seu papel mais importante na vida das plantas é o armazenamento e a transferência de energia. É um constituinte essencial da maioria das enzimas que são de grande importância na transformação da energia e no metabolismo dos hidratos de carbono e das gorduras. Está intimamente associado à divisão e ao desenvolvimento celular.

O azoto governa o crescimento acima da terra, enquanto o fósforo governa o crescimento da raiz. O fósforo aumenta a atividade dos rizóbios e dos nódulos radiculares e estimula o crescimento inicial da raiz.

O potássio ajuda a superar a influência das condições climatéricas adversas, melhora a utilização da água, reduzindo o coeficiente de transpiração a altas temperaturas. Torna a planta inebriante. É necessário para o metabolismo do azoto e para a síntese de proteínas.

O estrume de quintal (FYM) contém pequenas quantidades de nutrientes para as plantas e tem um efeito direto no seu crescimento, tal como qualquer outro fertilizante comercial. É volumoso em 50
A farinha de trigo é um produto natural e contém nutrientes em pequenas quantidades; por conseguinte, é necessária uma grande quantidade de FYM para aplicação.

A principal vantagem da incorporação de FYM no solo é o facto de melhorar os tecidos físicos do solo (teor de matéria orgânica, húmus, capacidade de retenção de água, ancoragem para o arejamento das raízes das plantas, etc.), químicos (neutraliza o pH, capacidade de troca catiónica, micronutrientes disponíveis para as plantas) e biológicos (microrganismos benéficos).

O vermicomposto é uma excelente base para o estabelecimento de micróbios benéficos de vida livre e simbióticos. A aplicação de vermicomposto aumenta a população microbiana total de bactérias fixadoras de azoto e actinomicetos.

As bactérias solubilizadoras de fósforo (PSB) desempenham um papel importante na solubilização de fosfatos insolúveis para a forma solúvel e prontamente disponível. Os solubilizadores de fosfato que contêm bactérias ou fungos podem converter a forma insolúvel de fosfato em forma solúvel através da produção de ácido orgânico. Uma maior inoculação de sementes ou plântulas com solubilizadores de fósforo pode disponibilizar o equivalente a 30 kg de P2O5 como SSP, solubilizando o solo e o fósforo aplicado **(Gaur, 1990)**.

5.1 Efeito da Gestão Integrada de Nutrientes nos parâmetros de crescimento:

A utilização integrada de NPK juntamente com adubos orgânicos e biofertilizantes melhorou significativamente os caracteres de crescimento da cultura da couve-flor em comparação com os fertilizantes químicos isolados. A aplicação de meia dose de NPK + Vermicomposto @ 2,5 toneladas/ha + Azospirillum @ 5 kg/ha + Micorriza Arbuscular Vesicular @ 5 kg/ha mostrou a altura máxima da planta e o número de folhas por planta significativamente. O uso integrado de nutrientes resultou, de facto, numa rápida divisão celular, multiplicação e alongamento celular na região meristemática da planta, o que promoveu o crescimento vegetativo da planta na forma de altura da planta e maior número de folhas por planta. Isto também pode ser devido à produção de substâncias de crescimento vegetal por Azospirillum, que estimulou o processo metabólico das plantas através da ativação de enzimas desejáveis. **(2007)** investigaram a influência de fertilizantes orgânicos e inorgânicos no crescimento e no rendimento da coalhada da couve-flor e registaram a altura máxima das plantas (53,33 cm) através da utilização de 104 kg de ureia/acre + 32 kg de DAP/acre + 32 kg de 51

MOP/acre. Resultados semelhantes foram também observados por **Naidu *et al.* (1999), Mehdi *et al.* (2003) e Singh e Singh (2005).**

O comprimento da folha foi significativamente aumentado com a aplicação de biofertilizante e fertilizantes químicos durante ambos os anos. O comprimento máximo de foi observado em T_{11} (meia dose de NPK/ha + Vermicomposto @ 2,5 toneladas/ha + Azospirillium @ 5 kg/ha) durante 2009-10 e 2010-11. O aumento destes parâmetros deve-se à disponibilidade de azoto através da fixação biológica de azoto, uma vez que a nutrição azotada desempenha um papel vital no desenvolvimento das plantas e influencia as actividades fisiológicas, sendo um componente do protoplasma e da clorofila e produzindo também substâncias reguladoras do crescimento. Resultados semelhantes foram relatados por **Velmurugan *et al.* (2008)**, que revelaram que a aplicação da dose recomendada de fertilizante (15 toneladas/ha de FYM + 50:100:50 NPK/ha como cobertura basal e 50 kg de N aos 45 dias após o transplante) registou o comprimento máximo de folhas na couve-flor.

Verificou-se que a largura da folha mostrou um resultado significativo devido a vários tratamentos de gestão integrada de nutrientes. Entre os vários tratamentos, o tratamento T_{11} (meia dose de NPK/ha + Vermicomposto @ 2,5 toneladas/ha + Azospirillium @ 5 kg/ha + Micorriza Vesicular Arbascular @ 5 kg/ha) mostrou a largura máxima da folha, enquanto que a largura ligeiramente menor da folha foi medida no tratamento T9 (meia dose de NPK/ha + Vermicomposto @ 2,5 toneladas/ha + Micorriza Vesicular Arbascular @ 5 kg/ha). A largura mínima da folha foi encontrada no tratamento Tj (dose recomendada de NPK/ha - 150 kg: 100 kg: 80 kg). O desenvolvimento de um crescimento vigoroso das plantas e o grande tamanho das folhas podem dever-se à síntese de substâncias promotoras de crescimento por Azotobcater e Azospirillum, que são úteis para a utilização dos nutrientes pelas plantas. Resultados semelhantes foram relatados por **Kachari e Korla (2009)**, que registaram a largura máxima da folha da couve-flor com a aplicação de 50 por cento da dose recomendada de NPK @ 125:75:65 kg/ha + Azospirillum + FYM @ 25 t/ha.

A resposta da gestão integrada de nutrientes mostrou-se pronunciada no peso fresco das folhas por planta. A aplicação de meia dose de NPK/ha + Vermicomposto @ 2,5 toneladas/ha + Azospirillium @ 5 kg/ha + Micorriza Arbascular Vesicular @ 5 kg/ha deu o peso fresco máximo de folhas por planta. Os 52

O aumento do parâmetro acima foi devido ao peso fresco máximo de folhas por planta e o comprimento da folha também foi maior neste tratamento. Isto pode ser atribuído ao maior tamanho das folhas do nível mais elevado devido à síntese de mais clorofila e aminoácidos, resultando num crescimento vegetativo acelerado. **Dwivedi e Singh (2007)** avaliaram o efeito de várias fontes de nutrientes nos parâmetros de crescimento, rendimento foliar, absorção de nutrientes, estado dos nutrientes do solo e economia da betelvina *(Piper betle* cv. 'Bangla') e registaram o peso fresco máximo de 100 folhas com a aplicação de vermicomposto @ 12 toneladas/ha + K_2O @ 100 kg/ha.

5.2 Efeito da gestão integrada de nutrientes nos parâmetros de rendimento:

A gestão integrada de nutrientes mostrou um efeito marcado no diâmetro da coalhada. O diâmetro máximo da coalhada foi registado com a aplicação do tratamento T11 (meia dose de NPK/ha + Vermicomposto @ 2.5 toneladas/ha + Azospirillium @ 5 kg/ha + Vesicular Arbascular Mycorrhiza @ 5 kg/ha) seguido pelo tratamento T9 (meia dose de NPK/ha +

Vermicomposto @ 2.5 toneladas/ha + Vesicular Arbascular Mycorrhiza @ 5 kg/ha). Os resultados estavam em consonância com as descobertas de **Swaroop *et al.* (1999), Nagaraju *et al.* (2000), Singh (2004), Narayanamma *et al.* (2005), Singh e Singh (2005), Yadav *et al.* (2007) e Khan *et al.* (2010).**

5.3 Efeito da gestão integrada de nutrientes nos parâmetros de qualidade:

A qualidade nutricional da couve-flor foi avaliada através da determinação dos sólidos solúveis totais (^{O} B) e do teor de ácido ascórbico (mg/100g). Observa-se que, com a aplicação de vários componentes da gestão integrada de nutrientes, todos os parâmetros de qualidade acima mencionados melhoraram, mas de forma não significativa, durante os dois anos de investigação.

Foi observada uma melhoria no conteúdo de TSS (^{O} B) da coalhada de couve-flor com a aplicação de várias fontes de nutrientes, embora as diferenças não tenham sido significativas. O teor máximo de TSS (^{O} B) da coalhada de couve-flor foi registado com a aplicação do tratamento T11 (meia dose de NPK/ha + Vermicomposto @ 2.5 toneladas/ha + Azospirillium @ 5 kg/ha + Vesicular Arbascular Mycorrhiza @ 5 kg/ha) seguido pelo tratamento T_7 (meia dose de NPK/ha + FYM @ 15 toneladas/ha + Azospirillium @ 5 kg/ha + Vesicular Arbascular Mycorrhiza @ 5 kg/ha). A melhoria do teor de SST (^{O} B) da coalhada de couve-flor com a aplicação de vários componentes da gestão integrada de nutrientes pode dever-se ao aumento da atividade fotossintética e de outros minerais, o que resultou numa melhoria dos níveis de hidratos de carbono e de outros parâmetros de qualidade da coalhada de couve-flor através da atividade enzimática estimulada por substâncias de crescimento vegetal produzidas pela aplicação de Azospirillium e de outros nutrientes. Resultados semelhantes foram registados por **Kanaujia** *et al.* **(2010).**

O teor de ácido ascórbico da coalhada de couve-flor foi melhorado, mas de forma não significativa, pela aplicação do tratamento T_{11} (meia dose de NPK/ha + Vermicomposto @ 2.5 toneladas/ha + Azospirillium @ 5 kg/ha + Vesicular Arbascular Mycorrhiza @ 5 kg/ha) seguido pelo tratamento de T7 (meia dose de NPK/ha + FYM @ 15 toneladas/ha + Azospirillium @ 5 kg/ha + Vesicular Arbascular Mycorrhiza @ 5 kg/ha) durante ambos os anos. Achados similares foram relatados por **ZhenYun** *et al.* *(***2004),** **Narayanamma** *et al.* **(2005), Singh e Singh (2005), Haque** *et al.* **(2006)** e **Sable e Bhamare (2007)**.

5.4 Economia dos diferentes tratamentos:

O custo do cultivo foi diretamente associado a diferentes factores de produção, *nomeadamente* o custo de fertilizantes químicos, FYM, vermicomposto e biofertilizantes. O rendimento bruto foi encontrado diretamente relacionado com o rendimento da coalhada sob diferentes tratamentos. No presente estudo, o tratamento T_{11} foi o melhor em todos os aspectos, seguido pelo T9 e o tratamento mais eficaz foi o T_{10} . Em termos de custo de cultivo, o T_{11} , seguido pelo T_9, T_{10} e T_1, foi o menos dispendioso. Isso foi devido ao alto custo envolvido no vermicomposto (Rs.53813/q e Rs.54763/q). Mas quando calculamos a relação custo-benefício de todos os tratamentos, o T_7 (1:3.08 e 1:2.96) foi o mais compensador. Mas se o preço de venda do produto aumentar ligeiramente, o que é volátil e está sempre a mudar diariamente, o tratamento T_{11} pode vir a ser o mais benéfico. A partir dos factos acima referidos, pode inferir-se que o tratamento T9 (meia dose de NPK/ha + Vermicomposto @ 2,5 toneladas/ha + Micorriza Vesicular Arbascular @ 5 kg/ha) e o tratamento T_{11} (meia dose de NPK/ha + Vermicomposto @ 2,5 toneladas/ha + Azospirillium @ 5 kg/ha + Micorriza Vesicular Arbascular @ 5 kg/ha) foram os tratamentos mais benéficos que podem ser seguidos no cultivo comercial de couve-flor em grande escala.

Capítulo 6

RESUMO E CONCLUSÃO

Uma experiência intitulada **"Effect of integrated nutrient management on growth, yield and quality of cauliflower *(Brassica oleracea* var. *botrytis* L.)"** (**Efeito da gestão integrada de nutrientes no crescimento, rendimento e qualidade da couve-flor *(Brassica oleracea* var. *botrytis* L.))** foi realizada na Main Experiment Station, Department of Vegetable Science, Narendra Deva University of Agriculture and Technology, Narendra Nagar, Kumarganj, Faizabad (U.P.) durante os anos consecutivos de 2009-10 e 2010-11, a fim de determinar a resposta de várias fontes de gestão integrada de nutrientes no crescimento, rendimento e qualidade da couve-flor cv. **Snow Crown.**

Os principais objectivos são os seguintes

1. Investigar o efeito de vários tratamentos no crescimento da couve-flor,

2. Examinar o efeito de diferentes tratamentos no rendimento da couve-flor,

3. Avaliar a influência dos vários tratamentos na qualidade da couve-flor e

4. Elaborar os custos económicos dos diferentes tratamentos.

O experimento foi conduzido em blocos casualizados (RBD) replicados três vezes com os seguintes tratamentos:

Tratamentos de símbolos

T_1 :Dose recomendada de NPK/ha (150 kg:100 kg:80 kg)

T_2 :Meia dose de NPK/ha + FYM @ 15 toneladas/ha

T_3 :Meia dose de NPK/ha + *Azospirillium* @ 5 kg/ha

T_4 :Meia dose de NPK/ha + FYM @ 15 toneladas/ha +
Azospirillium @ 5 kg/ha

T_5 : Meia dose de NPK/ha + *Micorriza Arbascular Vesicular*
@ 5 kg/ha

T_6 : Meia dose de NPK/ha + FYM @ 15 toneladas/ha + *Vesicular Micorriza Arbascular* @ 5 kg/ha

T_7 : Meia dose de NPK/ha + FYM @ 15 toneladas/ha +
Azospirillium @ 5 kg/ha + *Micorriza Arbascular Vesicular*
@ 5 kg/ha

T_8 : Meia dose de NPK/ha + Vermicomposto @ 2,5 toneladas/ha

T_9 : Meia dose de NPK/ha + Vermicomposto @ 2,5 toneladas/ha +
Azospirillium @ 5 kg/ha

T_{10} : Meia dose de NPK/ha + Vermicomposto @ 2,5 toneladas/ha +
Micorriza Arbascular Vesicular @ 5 kg/ha

T_{11} : Meia dose de NPK/ha + Vermicomposto @ 2,5 toneladas/ha +
Azospirillium @ 5 kg/ha + *Micorriza Arbascular Vesicular*

@ 5 kg/ha

Os resultados importantes da experiência são resumidos nos parágrafos seguintes:

A altura da planta mostrou uma resposta significativa ao tratamento de gestão integrada de nutrientes durante os dois anos. A altura da planta mostrou no tratamento mais alto T_{11} (meia dose de NPK/ha + Vermicomposto @ 2,5 toneladas/ha + *Azospirillium* @ 5 kg/ha + *Micorriza Arbascular Vesicular* @ 5 kg/ha) seguido pela aplicação T9 (meia dose de NPK/ha + Vermicomposto @ 2,5 toneladas/ha + *Azospirillium* @ 5 kg/ha) consistentemente durante os dois anos.

O efeito de várias fontes de gestão integrada de nutrientes no que diz respeito ao número de folhas por planta apresentou uma resposta significativa durante os dois anos de investigação. O valor máximo para essa caraterística foi registrado sob T_{11} (meia dose de NPK/ha + Vermicomposto @ 2,5 toneladas/ha + *Azospirillium* @ 5 kg/ha + *Micorriza Arbascular Vesicular* @ 5 kg/ha) seguido pela aplicação T9 (meia dose de NPK/ha + Vermicomposto @ 2,5 toneladas/ha + *Azospirillium* @ 5 kg/ha).

O comprimento da folha mostrou uma resposta significativa ao tratamento de gestão integrada de nutrientes durante os dois anos. O comprimento máximo da folha foi registado com a aplicação de T_{11} (meia dose de NPK/ha + Vermicomposto @ 2,5 toneladas/ha + *Azospirillium* @ 5 kg/ha + *Micorriza Arbascular Vesicular* @ 5 kg/ha) seguido pela aplicação

T9 (meia dose de NPK/ha + Vermicomposto @ 2,5 toneladas/ha + *Azospirillium* @ 5 kg/ha) e o comprimento mínimo da folha foi observado no tratamento T1 (dose recomendada de NPK/ha) durante os dois anos.

A largura da folha mostrou uma resposta significativa ao tratamento de gestão integrada de nutrientes durante os dois anos. A largura máxima da folha foi registada com a aplicação de T11 (meia dose de NPK/ha + Vermicomposto @ 2,5 toneladas/ha + *Azospirillium* @ 5 kg/ha + *Micorriza Vesicular Arbascular* @ 5 kg/ha) seguido pela aplicação T9 (meia dose de NPK/ha + Vermicomposto @ 2,5 toneladas/ha + *Azospirillium* @ 5 kg/ha) e a largura mínima da folha foi observada no tratamento T1 (dose recomendada de NPK/ha) durante os dois anos.

O efeito de várias fontes de gestão integrada de nutrientes no que diz respeito ao peso fresco das folhas por planta apresentou uma resposta significativa durante os dois anos de investigação. O valor máximo para esta caraterística foi registado em T11 (meia dose de NPK/ha + Vermicomposto @ 2,5 toneladas/ha + *Azospirillium* @ 5 kg/ha + *Micorriza Arbascular Vesicular* @ 5 kg/ha) seguido pela aplicação T9 (meia dose de NPK/ha + Vermicomposto @ 2,5 toneladas/ha + *Azospirillium* @ 5 kg/ha) e o peso fresco mínimo de folhas por planta foi observado no tratamento T1 (dose recomendada de NPK/ha) durante os dois anos.

O comprimento do caule mostrou uma resposta significativa ao tratamento de gestão integrada de nutrientes durante os dois anos. O maior comprimento de talo foi registado com a aplicação de T11 (meia dose de

NPK/ha + Vermicomposto @ 2,5 toneladas/ha + *Azospirillium* @ 5 kg/ha + *Micorriza Arbascular Vesicular* @ 5 kg/ha) seguido pela aplicação T_9 (meia dose de NPK/ha + Vermicomposto @ 2,5 toneladas/ha + *Azospirillium* @ 5 kg/ha) e o menor comprimento de talo foi observado no tratamento T_1 (dose recomendada de NPK/ha) durante os dois anos.

A propagação da planta mostrou uma resposta significativa ao tratamento de gestão integrada de nutrientes durante os dois anos. A propagação máxima da planta foi registada com a aplicação de T_{11} (meia dose de NPK/ha + Vermicomposto @ 2,5 toneladas/ha + *Azospirillium* @ 5 kg/ha + *Vesicular Arbascular Mycorrhiza* @ 5 kg/ha) seguido pela aplicação T_9 (meia dose de NPK/ha + Vermicomposto @ 2,5 toneladas/ha + *Azospirillium* @ 5 kg/ha) e a propagação mínima da planta foi observada no tratamento T_1 (dose recomendada de NPK/ha) durante os dois anos.

O efeito de várias fontes de gestão integrada de nutrientes no que diz respeito ao diâmetro da coalhada apresentou uma resposta significativa durante os dois anos de investigação. O valor máximo para esta caraterística foi registado em T_{11} (meia dose de NPK/ha + Vermicomposto @ 2,5 toneladas/ha + *Azospirillium* @ 5 kg/ha + *Micorriza Arbascular Vesicular* @ 5 kg/ha) seguido pela aplicação T_9 (meia dose de NPK/ha + Vermicomposto @ 2,5 toneladas/ha + *Azospirillium* @ 5 kg/ha). O diâmetro mínimo da coalhada foi observado no tratamento T_1 (dose recomendada de NPK/ha) durante os dois anos.

O efeito de várias fontes de gestão integrada de nutrientes no que diz respeito ao peso da coalhada apresentou uma resposta significativa. O valor máximo para esta caraterística foi registado sob Tn (meia dose de NPK/ha + Vermicomposto @ 2,5 toneladas/ha + *Azospirillium* @ 5 kg/ha + *Micorriza Arbascular Vesicular* @ 5 kg/ha) seguido pela aplicação T_9 (meia dose de NPK/ha + Vermicomposto @ 2,5 toneladas/ha + *Azospirillium* @ 5 kg/ha). O peso mínimo da coalhada foi observado no tratamento T_1 (dose recomendada de NPK/ha) durante os dois anos.

O rendimento da coalhada foi significativamente aumentado pela utilização de várias fontes de gestão integrada de nutrientes. O rendimento máximo de coalhada foi registado com a aplicação de T_{11} (meia dose de NPK/ha + Vermicomposto @ 2,5 toneladas/ha + *Azospirillium* @ 5 kg/ha + *Vesicular Arbascular Mycorrhiza* @ 5 kg/ha) seguido de T_9 (meia dose de NPK/ha + Vermicomposto @ 2,5 toneladas/ha + *Azospirillium* @ 5 kg/ha) consistentemente durante ambos os anos 2009-10 e 2010-11, respetivamente.

A utilização de uma gestão integrada de nutrientes melhorou a qualidade da coalhada de couve-flor, também avaliada pela estimativa dos sólidos solúveis totais (°B) e do teor de ácido ascórbico (mg/100g). No presente estudo, todos os dois componentes de qualidade acima mencionados aumentaram, de forma não significativa, com a aplicação do tratamento T_{11} (meia dose de NPK/ha + vermicomposto @ 2.5 toneladas/ha

+ *Azospirillium* @ 5 kg/ha + *Vesicular Arbascular Mycorrhiza* @ 5 kg/ha) seguido pelo tratamento de T$_7$ (meia dose de NPK/ha + FYM @ 15 toneladas/ha + *Azospirillium* @ 5 kg/ha + *Vesicular Arbascular Mycorrhiza* @ 5 kg/ha) durante ambos os anos.

Foi feito um esforço para estimar o custo de cultivo e a relação custo: benefício com o uso de cada tratamento separadamente e alguns resultados interessantes foram obtidos. Nos experimentos atuais, embora os retornos totais de T$_{11}$ (meia dose de NPK/ha + Vermicomposto @ 2,5 toneladas/ha + *Azospirillium* @ 5 kg/ha + *Micorriza Arbascular Vesicular* @ 5 kg/ha) e T9 (meia dose de NPK/ha + Vermicomposto @ 2,5 toneladas/ha + *Azospirillium* @ 5 kg/ha) fossem mais altos, mas as despesas incorridas em seu uso também eram altas. Isto resultou numa relação custo/benefício comparativamente pobre no caso dos dois tratamentos acima referidos. Se o preço de venda da produção aumentasse ligeiramente, a relação custo/benefício também seria das mais elevadas. No entanto, em termos gerais, o tratamento T$_{11}$ (meia dose de NPK/ha + Vermicomposto @ 2,5 toneladas/ha + *Azospirillium* @ 5 kg/ha + *Micorriza Vesicular Arbascular* @ 5 kg/ha) e T7 (meia dose de NPK/ha + FYM @ 15 toneladas/ha + *Azospirillium* @ 5 kg/ha + *Micorriza Vesicular Arbascular* @ 5 kg/ha) foram os mais remuneradores nesta experiência.

Por conseguinte, com base nos resultados experimentais, são tiradas as seguintes conclusões específicas que podem recomendar a adoção da cultura da couve-flor numa base comercial na parte oriental do Uttar Pradesh.

1. Com base nos dois anos de investigação, pode concluir-se que a aplicação de meia dose de NPK/ha + Vermicomposto @ 2,5 toneladas/ha + *Azospirillium* @ 5 kg/ha + *Micorriza Arbascular Vesicular* @ 5 kg/ha (T$_{11}$) provou ser a melhor para os caracteres vegetativos da planta de couve-flor.

2. A aplicação de meia dose de NPK/ha + Vermicomposto @ 2.5

toneladas/ha + *Azospirillium* @ 5 kg/ha + *Vesicular Arbascular Mycorrhiza* @ 5 kg/ha (T11) também aumentou significativamente o rendimento da coalhada de couve-flor.

3. Os diferentes parâmetros de qualidade da coalhada de couve-flor também foram melhorados, de forma não significativa, pela aplicação de meia dose de NPK/ha + Vermicomposto @ 2,5 toneladas/ha + *Azospirillium* @ 5 kg/ha + *Micorriza Vesicular Arbascular* @ 5 kg/ha (T11).

4. Aplicação de meia dose de NPK/ha + FYM @ 15 toneladas/ha + *Azospirillium* @

5 kg/ha + *Vesicular Arbascular Mycorrhiza* @ 5 kg/ha (T_7) deu o máximo de custo: relação benefício (3,18 e 3,05) durante 2009-10 e 2010-11, respetivamente, e este tratamento, juntamente com a aplicação de meia dose de NPK/ha + Vermicomposto @ 2,5 toneladas/ha + *Azospirillium* @ 5 kg/ha + *Vesicular Arbascular Mycorrhiza* @ 5 kg/ha (T11) foi encontrado para ser mais remunerador.

A.O.A.C. (1975). Métodos Oficiais de Análise. 12th Ed. Associação oficial de químicos analíticos. Washington, D.C.

Acharya, D. e Mondal, S.S. (2010). Efeito da gestão integrada de nutrientes no crescimento, produtividade e qualidade da couve. *Indian J. Agron,* **55** (1): 1-5.

Anónimo (2008). Direção Nacional de Horticultura, Base de dados.

Bhardwaj, M.L.; Raj, H. e Koul, B.L. (2000). Resposta da produção e economia de fontes orgânicas de nutrientes em substituição de fontes inorgânicas no tomate *(Lycopersicon esculentum)*, quiabo *(Hibiscus esculentus)*, couve *(Brassica oleracea* var. *capitata). Indian J. Agril. Sci.,* **70** (10): 653-656.

Bhattacharya, P.; Jain, R.K. e Paliwal, M.K. (2000). Biofertilizantes para hortaliças. *Indian Hort.,* **45** (2): 12-13.

Bjelic, V.; Vuckovic, S. e Moravcevic, S. (2005). Efeito das taxas de azoto no rendimento forrageiro na produção de couve-flor. *Biotecnologia na Produção Animal,* **21** (5/6): 193-196.

Chaurasia, S.N.S.; Singh, A.K.; Singh, K.P.; Rai, A.K.; Singh, C.P.N. e Rai, M. (2008). Efeito da gestão integrada de nutrientes no crescimento, rendimento e qualidade da couve-flor cv. Pusa Snowball-K-1. *Veg. Sci.,* **35** (1): 41-44.

Choudhary, M.R.; Saikia, A. e Talukdan, N.C. (2004). Resposta da couve-flor a práticas integradas de gestão de nutrientes. *Bioved,* **15** (1/2): 83-87.

Das, J.; Phookan, D.B. e Gautam, B.P. (2000). Effect of levels of NPK and plant densities for curd production of early cauliflower *(Brassica oleracea* var. *botrytis)* cv. Pusa Katki. *Haryana J. Hort. Sci.,* **29**(3/4): 265-266.

Dufault, J.R.; Korkmaz, A. e Ward, B. (2001). Potencial dos bio-sólidos da aquacultura de camarão como fertilizante para a produção de brócolos. *Compost Sci. and Utilization,* **9**: 107-114.

Dwivedi, D.K. e Singh, S.P. (2007). Efeito do biofertilizante integrado de nutrientes, vermicomposto e bolo de óleo de mostarda + inorgânico na betelvina (*Piper betel* L.) *Asian J. Hort.,* **2** (1): 102-105.

Gaur, A.C. (1990). Phosphorus solubilizing micro-organism as biofertilizers. *Omega Scientific Publishers New Delhi,* **pp. 240.**

Ghuge, T.D.; Gore, A.K. e Jadhav, S.B. (2007). Efeito de fontes de nutrientes orgânicos e inorgânicos no crescimento, rendimento e qualidade da couve (*Brassica oleracea* var. *botrytis). J. Soils and Crops,* **17** (1): 89-92.

Gowda, M.C.; Vijayakumar, M. e Gowda, A.P.M. (2007). Influência da gestão integrada de nutrientes no crescimento, rendimento e qualidade do alho (*Allium sativum* L.) cv. G-282. *Crop Research (Hisar),* **33** (1/3): 144-147.

Haque, K.M.F.; Jahangir, A.A.; Haque, M.E.; Mondal, R.K.; Jahan, M.A.A. e Sarker, M.A.M. (2006). Rendimento e qualidade nutricional da couve afectados pela fertilização com azoto e fósforo. *Bangladesh J. Scientific and Industrial Research*, **41** (1/2): 41-46.

Idnani, L.K. e Thuan, N.T.Q. (2007). Efeito dos regimes de irrigação e das fontes de azoto no crescimento, rendimento, economia e azoto do solo na produção de couve-flor *(Brassica oleracea* var *botrytis* subvar.

cauliflora). *The Indian J. Agril. Sci.,* **77**: 6.

Jackson, M.L. (1973). Soil Chemical Analysis. *Prentice hall of India, Pvt. Ltd. Nova Deli, Índia.*

Jana, J.C. e Mukhopadhyay, T.P. (2001). Effect of nitrogen and phosphorus on growth and curd yield of cauliflower var. Aghani in Tarai zone of West Bengal. *Veg. Sci.,* **28** (2): 133-136.

Jayathilake, P.K.S.; Reddy, I.P.; Srihari, D.; Reddy, K.R. e Neeraja, G. 2003. Gestão integrada de nutrientes na cebola *(Allium cepa* L.) *Tropical Agril. Research,* **15**: 1-9.

Jha, M.K. e Jana, J.C. (2009). Avaliação de vermicomposto e estrume de quinta na gestão integrada de nutrientes de espinafres *(Beta vulgaris* var. *bengalensis) Indian J. Agril. Sci.,* **79** (7): 538-541.

Kachari, M. e Korla, B.N. (2009). Efeito de biofertilizantes no crescimento e rendimento da couve-flor cv. PSB K-1. *Indian J. Hort.,* **66** (4): 496-501.

Kanaujia, S.P.S.; Singh, V.B. e Singh, A.K. (2010). INM para produção de qualidade de rabanete *(Raphanus sativus* L.) em alfisol. *J. Soils and Crops,* **20** (1): 1-9.

Kanwar, K.; Paliyal, S.S. e Nandal, T.R. (2002). Gestão integrada de nutrientes na couve-flor (Pusa Snowball K-1). *Research on Crops,* **3** (3): 579-583.

Khan, N.; Srivastava, J.P. e Singh, S.K. (2010). Efeito dos biofertilizantes no potencial de produção da couve-flor *(Brassica oleracea* var. *botrytis* L.). *Annals of Hort.,* **2** (1): 122-123.

Kodithuwakku, D.P. e Kirthisinghe, J.P. (2009). O efeito de diferentes taxas de aplicação de fertilizantes azotados no crescimento, rendimento e vida pós-colheita da couve-flor. *Tropical Agril. Research,* **21** (1): 110-114.

Kumaran, S.S.; Natarajan, S. e Thamburaj, S. (1998). Efeito do fertilizante orgânico e inorgânico no crescimento, rendimento e qualidade do tomate. *South Indian Hort.,* **46** (3-6): 203-205.

Meerabai, M.; Jayachandran, B.K. e Asha, K.R. (2007). Bio-agricultura em cabaça amarga *(Momordica charantia* L.). *Ata Hort.,* **52** (7): 349-352.

Mehdi Mir, M.A.A.; Dwivedi, D.H.; Thakur, S.K. e Namgyal, D. (2003). Influência do azoto e do fósforo no crescimento e rendimento da couve-flor em condições de Ladakh. *Progressive Hort.,* **35** (1): 51-54.

Nagaraju, R.; Haripriya, K.; Rajalingam, G.V.; Sriramachandrasekaran, V. e Mohideen, M.K. (2000). O efeito da inoculação de *G lomus mosseae* no crescimento, rendimento e caraterísticas de qualidade da cebola agregada (chalota). *South Indian Hort.,* **48** (1/6): 40-45.

Naidu, A.K. Kushwah, S.S. e Dwivedi, Y.C. (1999). Desempenho de adubos orgânicos, biofertilizante e fertilizantes químicos e suas combinações na população microbiana do solo e no crescimento e rendimento do quiabo. *JNKV J. Research*, **33** (1/2): 34-38.

Narayanamma, M.; Chiranjeevi, C.H.; Reddy, I.P. e Ahmed, S.R. (2005). Gestão integrada de nutrientes na couve-flor *(Brassica oleracea* var. *botrytis* L.) *Veg. Sci.,* **32** (1): 62-64.

Olsen, S.R.; Cole, C.V.; Watanbe, F.C. e Deem, L.R. (1954). Estimativa do fósforo disponível por extração com bicarbonato de sódio. *U.S.D.A. Circ.* 939:19.

Ouda, B.A. e Mahadeen, A.Y. (2008). Efeito dos fertilizantes no crescimento, rendimento, componentes do rendimento, qualidade e determinados teores de nutrientes nos brócolos. *International J. Agriculture and Biology,* **10** (6): 627-632.

Padamwar, S.B. e Dakore, H.G. (2010). Papel do vermicomposto no aumento do valor nutricional de algumas culturas Cole. *International J. Plant Sci. (Muzaffarnagar),* **5** (1): 397-398.

Panse, V.G. e Sukhatme, P.V. (1989). Statistical Methods for Agriculture of Workers. 5th Ed. ICAR, Nova Deli.

Parmar, D.K. e Sharma, V. (2001). Gestão integrada de nutrientes na couve-flor em colinas médias dos Himalaias Ocidentais. *Annals Agril. Research,* **22** (3): 432-433.

Patil, M.B.; Shitole, D.S.; Shinde, S.B. e Purandare, N.D. (2007).

Response of garlic to organic and inorganic fertilizers (Resposta do alho a fertilizantes orgânicos e inorgânicos). *J. Hort. Sci.*, **2** (2): 130-133.

Roe, E.N. e Cornforth, C.G. (2000). Efeito da raspagem do lote de leite e do estrume de leite compostado no crescimento, rendimento e potencial de lucro de legumes de cultura dupla. *Compost Sci. and Utilization*, **8**: 320-327.

Sable, P.B. e Bhamare, V.K. (2007). Efeito de biofertilizantes *(Azotobacter e Azospirillum)* isolados e em combinação com níveis reduzidos de azoto na qualidade da couve-flor cv. Snowball-16. *Asian J. Hort.*, **2** (1): 215-217.

Sahai, V.N. (1999). Fundamentals of Soil. *Kalyani Publishers, Ludhiana*, 194-99.

Shaheen, A.M.; Fatma, A.R.; Omiama, M.S. e Ghoname, A. A. (2007). A utilização integrada de bio-inoculantes e fertilizante químico de azoto no crescimento, rendimento e valor nutritivo de cultivares de quiabo *(Abelmoschus esculentus* L.). *Australian J. Basic and Applied Sci.*, **1** (3): 307-312.

Singh, A.K. (2004). Efeito do azoto e do fósforo no crescimento e rendimento da couve-flor var. Snowball-16 na região árida e fria de Ladakh. *Haryana J. Hort. Sci.*, **33** (1/2): 127-129.

Singh, S.S. (2000). Combinação de biofertilizante solubilizante de fosfato com fósforo na produção de tubérculos de batata. *Conferência Global sobre a Batata*, **6** (12): 132.

Singh, V.N. e Singh, S.S. (2005). Efeito de fertilizantes inorgânicos e biofertilizantes na produção de couve-flor *(Brassica oleracea* var. *botrytis* L.). *Veg. Sci.,* **32** (2): 146-149.

Sood, R. e Vidyasagar, V. (2007). Gestão integrada do azoto através de biofertilizantes na couve (*Brassica oleracea* var *capitata*). *The Indian J. Agril. Sci.,* **77** (9).

Stamatiadis, S.; Werner, M. e Buchanan, M. (1999). Avaliação no terreno da qualidade do solo afetada pela aplicação de composto e fertilizante num campo de brócolos (Condado de San Benito, Califórnia). *Applied Soil Ecology,* **12**: 217-25.

Subbiah, B.V. e Asija, G.L. (1956). Um procedimento rápido para a estimativa do azoto disponível nos solos. *Curr. Sci.,* **25**: 259-260.

Subha Rao, N.S. (1982). Biofertilizantes na Agricultura. *Oxford IBH Publishing Co., Nova Deli.*

Swaroop, K.; Suryanarayana, M.A. e Sharma, T.V.R.S. (1999). Effect of nitrogen and phosphorus on growth and curd yield of cauliflower (*Brassica oleracea* var. *botrytis* L.). *Veg. Sci.* **26** (1): 85-86.

Thanki, J.D.; Patel, A.M. e Patel, M.P. (2004). Efeito do azoto, fósforo e estrume de quintal no crescimento, rendimento, qualidade e absorção de nutrientes da mostarda indiana *(Brassica juncea* L.). *J. Oilseeds Research,* **21** (2): 296-298.

Thilagam, V.K. e Natesan, R. (2009). Equações de prescrição de fertilizantes para os objectivos de rendimento desejados da couve-flor no âmbito do sistema integrado de nutrientes para plantas com base no modal de rendimento pretendido. *Agril. Sci. Digest,* **29** (4): 250-253.

Velmurugan, M.; Balakrishnamoorthy, G.; Rajamani, K.; Shanmugasunderam, P. e Gnanam, R. (2008). Efeito de adubos orgânicos, biofertilizantes e bioestimulantes no crescimento e rendimento da couve-flor *(Brassica oleracea* var. *botrytis* L.) cv. Indam-2435. *Crop Research (Hisar),* **35** (1/2): 42-45.

Walkey, A. e Black, A.I. (1964). Análise do carbono orgânico. *Soil Sci.,* **63**: 251.

Wani, A.J.; Mubarak, T. e Bhatt, J.A. (2010). Efeito da gestão integrada de nutrientes no rendimento da coalhada, na qualidade e na absorção de nutrientes da couve-flor *(Brassica oleracea* var. *botrytis* L.) cv. Snowball-16 em condições temperadas da Caxemira. *Crop Research (Hisar),* **40** (1/3): 109-112.

Wani, A.J.; Mubarak, T. e Rather, G.H. (2010). Efeito das fontes de nutrientes orgânicos e inorgânicos no crescimento e no rendimento da coalhada da couve-flor *(Brassica oleracea* var. *botrytis* L.) cv. Snowball-16. *Ambiente e Ecologia,* **28** (3): 16601662.

Yadav, M.; Chaudhary, R. e Singh, D.B. (2007). Desempenho de fertilizantes orgânicos e inorgânicos no crescimento e rendimento da couve-flor (*Brassica oleracea* var. *botrytis* L.) cv. Pusa Snowball K-1. *Arquivos de Plantas,* **7** (1): 245-246.

Yawalkar, K.S.; Agrawal, J.P. e Bokde, S. (2002). Manure and Fertilizers (9th edition), *Agril-Horticultural Publishing House Nagpur-440010, India,* **pp.** 326-329.

ZhenYun, Shi; Jian, Shi; Yang Feng e Wang DeJun (2004). Efeitos do fertilizante potássico no aumento do rendimento e na melhoria da qualidade de couve-flor. *Soils- and-Fertilizers-Beijing*, (4): 17-19.

APÊNDICE-I
Média semanal dos dados meteorológicos durante o período de inquérito (2009-10 e 2010-11)

Mês	Semana meteorológica	Temperatura média (°C)				Humidade relativa média (%)		Precipitação total (mm)		Luz do sol (horas/dia)	
		Mínimo		Máximo							
		2009-10	2010-11	2009-10	2010-11	2009-10	2010-11	2009-10	2010-11	2009-10	2010-11
outubro	42	17.20	23.10	31.50	31.30	70.50	82.20	-	31.70	7.19	3.50
	43	12.30	17.50	30.90	31.00	64.40	73.70			8.20	7.20
	44	13.20	13.60	30.60	29.60	64.10	7370		-	7.60	7.00
novembro	45	14.40	14.90	30.30	30.60	68.40	72.60		-	6.20	6.10
	46	18.90	15.70	26.80	29.50	76.60	76.70	3.20	1.20	1.80	4.80
	47	7.90	14.70	25.50	25.20	57.20	74.10	-	-	6.62	3.70
	48	7.90	11.50	26.60	26.10	59.30	70.40		-	6.80	6.30
dezembro	49	7.90	9.20	26.10	25.80	66.20	68.40	-	-	6.80	7.00
	50	8.50	8.50	25.70	24.30	71.25	67.00			5.60	4.70
	51	8.70	5.08	24.70	23.64	64.50	69.50	-	-	6.50	5.70
	52	4.80	5.64	24.80	27.57	71.10	81.64	6.60	-	7.60	5.50
janeiro	1	7.80	3.50	15.90	15.30	82.30	85.00	-	-	2.70	1.20
	2	7.60	2.50	15.60	14.30	77.30	85.70	5.40	-	3.50	1.40
	3	7.70	5.20	15.30	22.10	82.60	57.50	-		0.90	6.14
	4	5.40	4.60	17.60	19.50	78.80	77.80	-	1.30	3.20	6.43
	5	7.10	6.00	25.00	23.70	65.50	70.50			6.70	4.30
fevereiro	6	9.50	7.40	25.00	26.20	70.90	65.40	9.70	-	4.70	7.80
	7	11.80	11.40	23.80	25.20	69.50	74.50	15.40	7.50	5.50	5.00

	8	9.30	8.20	25.90	25.20	69.70	67.60	0.40	1.40	7.50	7.20
	9	13.50	10.50	29.20	27.00	56.50	61.80	-	5.10	7.20	8.00

APÊNDICE-II

Informações pormenorizadas sobre os diferentes produtos de base e a operação de custos durante o período de inquérito (2009-10 e 2010-11)

S. Não.	Particularidades	Quantidade/tempo	Taxa (Rs.)		Custo total (Rs.)	
			2009-10	2010-11	2009-10	2010-11
B. Custo comum						
1.	**Preparação do terreno:**					
a	Irrigação pré-plantação por poço tubular	Irrigação	300/ha	300/ha	300.00	300.00
b	Mão de obra para a irrigação	2 trabalho	100/trabalhado r/dia	100/trabalhado r/dia	200.00	200.00
c	Lavoura com grade de discos	1 lavoura	800/ha	900/ha	800.00	900.00
d	Lavoura com cultivador	2 lavoura	700/ha	800/ha	1400.00	1600.00
e	Planking	2 tábuas	400/ha	500/ha	800.00	1000.00
2.	**Criação de viveiros**					
a	Semente	500g	11000/kg	11500/kg	5500.00	5750.00
b	Mão de obra para a criação de infantários	10 trabalho	100/trabalhado r/dia	100/trabalhado r/dia	1000.00	1000.00
3.	**Disposição e transplante**					
a	Preparação do layout	25 trabalho	100/trabalhado r/dia	100/trabalhado r/dia	2500.00	2500.00

b	Mão de obra para o arranque das plântulas	4 trabalho	100/trabalhado r/dia	100/trabalhado r/dia	400.00	400.00
c	Mão de obra para a transplantação	40 trabalho	100/trabalhado r/dia	100/trabalhado r/dia	4000.00	4000.00
4.	**Práticas culturais:**					
a	Irrigação por poço tubular	5 regas	300/ha	300/ha	1500.00	1500.00
b	Mão de obra para irrigação (3 trabalhadores por irrigação)	15 trabalho	100/trabalhado r/dia	100/trabalhado r/dia	1500.00	1500.00
c	Monda	2 monda				
	Mão de obra para a monda	40 trabalho	100/trabalhado r/dia	100/trabalhado r/dia	4000.00	4000.00
5.	**Proteção das plantas**					
a	Pulverização de Dithane-45	3 kg	425/kg	450/kg	1275.00	1350.00
b	Pulverização de Rogor	1,5 litros	550/litro	600/litro	825.00	900.00
c	Mão de obra para a pulverização	8 trabalho	100/trabalhado r/dia	100/trabalhado r/dia	800.00	800.00
6.	**Colheita**	40 trabalho	100/trabalhado r/dia	100/trabalhado r/dia	4000.00	4000.00
7.	**Valor locativo dos terrenos**	Durante seis meses			1000.00	1000.00
8.	**Despesas de transporte e comercialização**				3500.00	3500.00
9.	**Encargos diversos**				2000.00	2000.00
	Custo total comum				**37300.00**	**38200.00**

B. Custo variável

1.	**Fertilizantes**

a	Ureia	241.00kg	5,54/kg	5,54/kg	1335.00	1335.00
b	Fosfato de di-amónio (DAP)	217.00kg	11,18/kg	11,18/kg	2426.00	2426.00
c	Murrato de potassa	133.00kg	5.00/kg	5.00/kg	665.00	665.00
	Mão de obra para a aplicação de fertilizantes	7 trabalho	100/trabalhado r/dia	100/trabalhado r/dia	700.00	700.00
2.	**Adubos**					
a	Estrume de quintal (FYM)	15,00 toneladas/ha	300/tonelada	300/tonelada	4500.00	4500.00
	Mão de obra para a aplicação da farinha de trigo	10 trabalho	100/trabalhado r/dia	100/trabalhado r/dia	1000.00	1000.00
b	Vermicomposto	2,50 toneladas/ha	5000/tonelada	5000/tonelada	12500.00	12500.00
	Mão de obra para a aplicação do vermicomposto	5 trabalho	100/trabalhado r/dia	100/trabalhado r/dia	500.00	500.00
3.	**Biofertilizantes**					
a	Azospirilliun	5.00kg/ha	55/kg	60/kg	275.00	300.00
	Trabalho de aplicação do Azospirilliun	2 trabalho	100/trabalhado r/dia	100/trabalhado r/dia	200.00	200.00
b	Micorriza Arbascular Vesicular (MAV)	5.00kg/ha	55/kg	60/kg	275.00	300.00
	Trabalho para aplicação do VAM	2 trabalho	100/trabalhado r/dia	100/trabalhado r/dia	200.00	200.00

RESUMO

A experiência foi conduzida na Estação Experimental Principal, Departamento de Ciência Vegetal, Universidade de Agricultura e Tecnologia Narendra Deva, Narendra Nagar, Kumarganj, Faizabad (U.P.) durante os anos 2009-10 e 2010-11. Os onze tratamentos T_1- Dose recomendada de NPK/ha (150 kg:100 kg:80 kg), T_2 - Meia dose de NPK/ha + FYM @ 15 toneladas/ha, T3 - Meia dose de NPK/ha + *Azospirillium* @ 5 kg/ha, T4 - Meia dose de NPK/ha + FYM @ 15 toneladas/ha + *Azospirillium* @ 5 kg/ha, T_5 - Meia dose de NPK/ha + *Vesicular Arbascular Mycorrhiza* @ 5 kg/ha, T_6 - Meia dose de NPK/ha + FYM @ 15 toneladas/ha + *Micorriza Vesicular Arbascular* @ 5 kg/ha, T_7 - Meia dose de NPK/ha + FYM @ 15 toneladas/ha + *Azospirillium* @ 5 kg/ha + *Micorriza Vesicular Arbascular* @ 5 kg/ha, T_8 - Meia dose de NPK/ha + Vermicomposto @ 2.5 toneladas/ha, T9 - Meia dose de NPK/ha + Vermicomposto @ 2,5 toneladas/ha + *Azospirillium* @ 5 kg/ha, T_{10} - Meia dose de NPK/ha + Vermicomposto @ 2,5 toneladas/ha + *Micorriza Arbascular Vesicular* @ 5 kg/ha e T_{11} - Meia dose de NPK/ha + Vermicomposto @ 2.5 toneladas/ha + *Azospirillium* @ 5 kg/ha + *Micorriza Vesicular Arbascular* @ 5 kg/ha foram avaliadas em delineamento de blocos casualizados com três repetições.

As descobertas experimentais revelaram que o tratamento T_{11} (Meia dose de NPK/ha + Vermicomposto @ 2.5 toneladas/ha + *Azospirillium* @ 5 kg/ha + *Micorriza Vesicular Arbascular* @ 5 kg/ha) mostrou melhor resposta ao crescimento da planta e seus atributos e qualidade. No entanto, o rendimento máximo de 269,33 q/ha e 267,02 q/ha foi obtido com a aplicação de meia dose de NPK/ha + Vermicomposto @ 2,5 toneladas/ha + *Azospirillium* @ 5 kg/ha + *Micorriza Vesicular Arbascular* @ 5 kg/ha seguido por T9 (Meia dose de NPK/ha + Vermicomposto @ 2,5 toneladas/ha + *Azospirillium* @ 5 kg/ha). O máximo de T.S.S. (5,29 °B e 5,23 °B) e ácido ascórbico (60,21 mg/100g e 59,97 mg/100g) também foram registados em T_{11} (Meia dose de NPK/ha + Vermicomposto @ 2,5 toneladas/ha + *Azospirillium* @ 5 kg/ha + *Micorriza Arbascular Vesicular* @ 5 kg/ha). Com base na análise económica com a aplicação de meia dose de NPK/ha + FYM @ 15 toneladas/ha + *Azospirillium* @ 5 kg/ha + *Vesicular Arbascular Mycorrhiza* @ 5 kg/ha (T_7) foi obtido o máximo custo: relação benefício (3,18 e 3,05) durante 2009-10 e 2010-11, respetivamente e foi considerado mais benéfico e viável para o cultivo de couve-flor.

yes
I want morebooks!

Buy your books fast and straightforward online - at one of world's fastest growing online book stores! Environmentally sound due to Print-on-Demand technologies.

Buy your books online at
www.morebooks.shop

Compre os seus livros mais rápido e diretamente na internet, em uma das livrarias on-line com o maior crescimento no mundo! Produção que protege o meio ambiente através das tecnologias de impressão sob demanda.

Compre os seus livros on-line em
www.morebooks.shop

Printed by Books on Demand GmbH, Norderstedt / Germany